赏灵璧石记

张玉舰◎著/摄影

安徽师范大学出版社

ANHUI NORMAL UNIVERSITY PRESS

·芜湖·

图书在版编目（CIP）数据

赏灵璧石记 / 张玉舰著 / 摄影 . —芜湖 : 安徽师范大学出版社, 2021.8
ISBN 978-7-5676-5212-5

I. ①赏… II. ①张… III. ①石－鉴赏－灵璧县 IV. ①TS933

中国版本图书馆 CIP 数据核字（2021）第 162275 号

SHANG LINGBI SHI JI

赏灵璧石记

张玉舰◎著/摄影

责任编辑：蒋　璐	责任校对：李慧芳	
装帧设计：王晴晴	责任印制：桑国磊	

出版发行：安徽师范大学出版社
　　　　　芜湖市北京东路 1 号安徽师范大学赭山校区
网　　址：http://www.ahnupress.com
发 行 部：0553-3883578　5910327　5910310（传真）
印　　刷：苏州市古得堡数码印刷有限公司
版　　次：2021 年 8 月第 1 版
印　　次：2021 年 8 月第 1 次印刷
规　　格：700 mm × 1000 mm　1/16
印　　张：12.75
字　　数：180 千字
书　　号：ISBN 978-7-5676-5212-5
定　　价：78.00 元

前　言

　　灵璧石初名磬石。安徽省灵璧县磬云山一带出产磬石。磬云山旧称磬石山、石磬山，其地质结构主要由片状岩层叠加而成。这种片状岩层作为石材，色泽黑润，质地细密，叩之有声，古时候常用来制作一种名之为"磬"的打击乐器。磬石之名由此而来。不过，在这种磬石之外，还有一种单体磬石，其体量大小不等，造型奇雅，为历代文人墨客所推崇。这种单体磬石，也就是传统概念上的灵璧石。

　　宋代杜绾《云林石谱》（上卷）将灵璧石列入诸石之首，并对灵璧石产地及特征作了详细记述，其中写道："宿州灵璧县地名磬石山，……石在土中，随其大小，具体而生。或成物象，或成峰峦。"

　　后来，灵璧石的品类有所增加。清乾隆《灵璧县志略·物产》（卷四）将灵璧石的品类分为磬石、巧石、文石、黑白石、透花石、菜玉石。其中磬石仅指磬云山石材，巧石指的是磬云山"北平地旧坑"中的单体磬石，文石一作纹石。

　　现在，通常把产于灵璧县及其接壤地区的单体石头，只要具有观赏性，盖以灵璧石称之。这样一来，灵璧石的品类也就丰富多了。目前，灵璧石尚无明确统一的分类方式。2003年，中国财政经济出版社出版的《中国灵璧石谱》，将灵璧石分为"52大类464品石"。

　　我根据自己的研究成果，同时参照一些约定俗成的分类方式，将灵璧石分为磬石、纹石、珍珠石、白凌石、杂石五大类。我认为，灵璧石分类宜粗不宜细，分类越细，派生出来的概念也就越多，过多的概念，往往令人眼花缭乱，难得要领。

　　本书收录灵璧石93块，均为小石头。尺寸以厘米为单位，"四舍五入"，保留整数。测量方式：宽度×高度×厚度。测量时以主要观赏面底边为准，左右为宽度，上下为高度，前后深浅为厚度。所撰之文，盖以赏石说事，或记寻石甘苦，或谈收藏得失，或引诗词对联，或涉书法绘画，或道民俗风情，或忆陈年旧事。如此如此，是为《赏灵璧石记》。

目 录

磐石篇

米芾拜石 / 004

庄周遐思 / 006

孔子造像 / 008

相敬如宾 / 010

瑞兽辟邪 / 012

骆　驼 / 014

虎 / 016

鸡 / 018

鹰 / 020

布谷鸟 / 022

栖　凤 / 024

金鱼呈祥 / 026

葫　芦 / 028

宝　船 / 030

石　桥 / 032

"上"字石 / 034

"山"字石 / 036

笔架石 / 038

镇纸石 / 040

凌云石 / 042

避雨石 / 044

海岳石 / 046

重岩叠嶂石 / 048

灵璧小峰 / 050

白头山 / 052

小茶壶 / 054

纹石篇

泰山石敢当 / 060

戴胜诉春 / 062

金蟾招财 / 064

鱼鸟忘情 / 066

鱼 / 068

龟 / 070

纹　韵 / 072

朝　靴 / 074

仙桃石 / 076

云根石 / 078

过云峰 / 080

石蛋子 / 082

石来运转 / 084

步步高升 / 086

无铭砚山 / 088

珍珠石篇

花满枝头 / 094

菩提圣树 / 096

磬石篇

一品麒麟 / 098

祥瑞蝙蝠 / 100

壶天福地 / 102

镇宅宝刀 / 104

白凌石篇

傲　骨 / 110

雪　莲 / 112

玉山璞 / 114

小雪山 / 116

群峰竞秀 / 118

杂石篇

逸　云 / 124

绘月石 / 126

小金山 / 128

虎头山 / 130

帽檐石 / 132

宝塔山 / 134

翠屏山 / 136

小峡谷 / 138

小蓬莱 / 140

阴元石 / 142

江山胜览图 / 144

山林归隐图 / 146

达摩面壁图 / 148

黛山秋韵 / 150

硕　果 / 152

报喜鸟 / 154

层林尽染 / 156

彩云石 / 158

古　梅 / 160

柱　石 / 162

石　祖 / 164

石花怒放 / 166

双峰夕照 / 168

鸟语花香 / 170

九天飞瀑 / 172

麦积山 / 174

落　叶 / 176

坐　禅 / 178

禅　石 / 180

神　兽 / 182

附　录 / 184

后　记 / 193

　　灵璧磬石，简称磬石，俗称黑石头。磬石是灵璧石的经典石种，在宋代就已经闻名遐迩。清乾隆《灵璧县志略·舆地》（卷一）载，宋政和七年（1117）改"零璧县"为"灵璧县"。此后，磬石才逐渐以灵璧石称之。

磬石篇

米芾拜石

这里的"米芾拜石"由两块磬石组合而成。

宋代叶梦得《石林燕语》（卷十）载："米芾诙谲好奇。……知无为军，初入州廨，见立石颇奇，喜曰：'此足以当吾拜。'遂命左右取袍笏拜之，每呼曰'石丈'。言事者闻而论之，朝廷亦传以为笑。"

米芾（1051—1107），宋代书画家。祖籍太原，定居润州（今江苏镇江）。字元章，号襄阳漫士、海岳外史等。宋徽宗时召为书画学博士，官礼部员外郎，人称米南宫。

在这两块石头中，我把其中的一块当作米芾，另一块当作石丈，想通过这种方式，再现历史典故米芾拜石。

古代赏石讲究"瘦、皱、漏、透"。其中"皱"指石面古拙，富有纹理和褶皱。清乾隆《灵璧县志略·物产》（卷四）中又有"秀、皱、瘦、透"之说。清代李渔《闲情偶寄》（九卷）载："此通于彼，彼通于此，若有道路可行，所谓透也；石上有眼，四面玲珑，所谓漏也；壁立当空，孤峙无倚，所谓瘦也。"换言之，"透"指前后通透，"漏"指上下通透，"漏""透"均含空透之意。

现代画家溥心畬曾画《海岳石丈图》，其"石丈"即集"瘦、皱、漏、透"于一体。齐白石也曾画过这一题材的国画，款识"拜石。寄萍堂上老人"。

当年米芾所拜之石，是不是灵璧石呢？溥心畬《海岳石丈图》中的"石丈"，像是太湖石。齐白石《拜石》中的米芾所拜之石就不好定论了。

2017年3月8日，我在安徽省无为县米芾纪念馆看到一块太湖石，其侧另一块石头上刻着说明文字，言之凿凿，称这块太湖石曾被米芾"呼之为'石丈'"。

题名：米芾拜石

石种：灵璧石·磬石

尺寸：10 cm × 14 cm × 4 cm / 8 cm × 15 cm × 3 cm

庄周遐思

这块石头源于江苏省徐州市一家奇石店，店主说像个人物。我买下后置于案头品赏多日，感觉这个人物犹如古代充满智慧的长者，它让我想起了庄子，想来以"庄周遐思"题名，应是最为恰当不过的了。

庄周（约前369—约前286），世称庄子，战国时哲学家，其著作常以寓言形式演绎哲理，充满智慧。

《庄子》载："昔者庄周梦为蝴蝶，栩栩然蝴蝶也。自喻适志与，不知周也。俄然觉，则蘧蘧然周也。不知周之梦为蝴蝶与？蝴蝶之梦为周与？周与蝴蝶则必有分矣。此之谓物化。""吾生也有涯，而知也无涯，以有涯随无涯，殆已！已而为知者，殆而已矣！为善无近名，为恶无近刑，缘督以为经，可以保身，可以全生，可以养亲，可以尽年。"

把一块像人物的石头当作一位先哲的化身，此举并非由我独创。

安徽省亳州市华祖庵为纪念东汉名医华佗而建。2009年10月10日，我去这里游览，看到一块灵璧石，题名"华佗"，其说明文字称，这"是一块天然的灵璧石，是大自然鬼斧神工的神奇造化，它酷似神医华祖的圣像，衣袂飘飘，神态超逸，思苦天下，心系苍生"。

一块天然的灵璧石真能酷似华佗吗？肯定不能，这和我将一块形似人物的石头当成庄周是一个思路。

庄周是中国古代哲学流派道家的主要代表人物之一。道家由老子创建，主张"无为而治"。道教诞生后，尊老子为道祖。天宝元年（742），唐玄宗封庄周为南华真人。所著《庄子》，诏称《南华真经》。

题名：庄周遐思

石种：灵璧石·磬石

尺寸：15 cm × 16 cm × 9 cm

孔子造像

这块石头题名"孔子造像"。

2021年1月9日，我去江苏省徐州市一家奇石店访石，刚进门，店主就拿起一块还没有配制底座的石头给我看，说这个像鱼，我接过来换了一个角度看，店主说那样看不行，只能这样看才像鱼。店主又给我推荐一块配好底座的石头，说便宜给我。不过，这两块石头都没有引起我的兴趣来。

这家奇石店经营的全是灵璧石。店主是一位老年人，看起来还是很和善的。在相互交流中，我问货架上两块像人物的石头多少钱一块，又问："当啥人物看？"店主说像人物的石头都贵，一个当"方丈"看，另一个当"孔子"看。接着他从手机中调出一张孔子像的图片来，让我对照一下，看这块石头像不像孔子。我让他取下这块石头，从各个角度观赏了一番，形、纹俱佳，大小适中，又用手指弹了几下，声音清脆，只是早年配制的底座有点不上档次。我说："就要这块，多少钱？"店主报了一个价格，我感觉有点高，于是说了一个心理价位，店主迟疑片刻，最终答应成交。

孔子（前551—前479），名丘，字仲尼，鲁国陬邑（今山东曲阜东南）人。春秋末思想家、政治家、教育家。儒家创始人，其学说以"仁"为中心，"仁"即爱人。"仁"以"礼"为规范。在教育方面，提出"有教无类""学而不厌，诲人不倦"等观点。

唐代吴道子绘制的《先师孔子行教像》石刻，现存曲阜孔庙圣迹殿，款识"德侔天地，道冠古今，删述六经，垂宪万世。唐吴道子笔"。

这块石头，店主说当"孔子"看，由此，我为之题名"孔子造像"。

题名: 孔子造像

石种: 灵璧石·磬石

尺寸: 11 cm × 22 cm × 9 cm

相敬如宾

这两块石头，稍高的那一块形似人物，作揖行礼，一副谦谦君子的模样，当时我曾以"古人作揖"题名。后来，又得到另一块，形也似人物，细看其面目慈祥，特别是头上还插着一支别致的发簪，非常像旧时妇女，遂题名"老妪造像"。

也就是说，最初这两块石头是独立分开的，各自有各自的题名。后来我试着将它们组合在一起，探究是否能产生新的意境。这一组合不要紧，让我眼前一亮，顿时有了新的感悟，这不是一对恩爱夫妻吗！当即题名"相敬如宾"。

"相敬如宾"是汉语成语，形容夫妻之间相互敬重，就像对待宾客一样。明代冯梦龙《醒世恒言》（第十卷）载："刘奇成亲之后，夫妇相敬如宾，挣起大大家事，生下五男二女。"

组合石，通常由两块或几块石头组合而成。组合石较单块石头所表现的文化内涵往往更加丰富一些，有时一块石头无甚涵义或个性不足，通过与其他石头组合互补，可以扬长避短，从而形成全新的视觉效果。这个过程谓之赏石创作。

在组合石中，还有一种称之为"对石"的组合。即由两块形状极其相似的石头组合在一起，缝隙基本吻合，犹如天生一对。猛一看，就好比一块石头从中间裂开，又将其组合在一起。其实不然，仔细看，相向对着的地方，是有差别的。倘若天衣无缝，那就要小心了——或有假，或原石开裂又拼接而成，这就失去了"对石"的意义。为"对石"配制底座，相对而卧在同一底座上的石头，通常要把"缝隙"表现出来，即在两石之间留出一点距离，造成离合之势。

另外，也有把一大一小组合而成的石头，称之为"子母石"。我认为概念多了易混乱，不如统称"组合石"好。

题名：相敬如宾

石种：灵璧石·磬石

尺寸：8 cm × 24 cm × 5 cm／8 cm × 14 cm × 4 cm

磬石篇

瑞兽辟邪

明代文震亨《长物志》（卷三）载，灵璧石"出凤阳府宿州灵璧县，在深山沙土中，掘之乃见，有细白纹如玉，不起岩岫。佳者如卧牛、蟠螭，种种异常状，真奇品也"。

灵璧石大多是从土中挖出来的，土坑有深有浅，这种石头"不起岩岫"，亦即带洞的比较少见，而如"如卧牛"等形状的石头则常作象形石品赏。

这块石头形如古代"辟邪"，故题名"瑞兽辟邪"。

"瑞兽"指的是能带来吉祥的神兽，其种类说法不一，有的把青龙、白虎、朱雀、玄武称之为瑞兽，也有的把麒麟、貔貅称之为瑞兽。

貔貅，别称"辟邪"，相传非常凶猛，镇宅护财，忠诚无比。最早这种神兽有公母之分，公称"貔"，母称"貅"。这种神兽头上还长着角，一角之兽名"天禄"，两角之兽称"辟邪"。山东省曲阜市孔庙现存明代天禄、辟邪石雕：天禄披麟抛尾，颈长爪利；辟邪怒目扭颈，形象怪异。后来删繁就简，不分公母，且以一角造型者居多，统称貔貅，亦称辟邪。

这块石头，如果换个角度看，譬如把"辟邪"尾巴转到正上方，就成了"烟袋子"。烟袋子是过去盛放烟叶的布袋子，讲究点的还要绣上字及花鸟等图案。烟袋子通常和烟袋锅、烟袋杆、烟袋嘴配套使用，不过现在已经很少有人使用这些抽烟工具了。

这种形如"袋子"状的石头，通常题名"钱袋子"。当初，我也想将它当作"钱袋子"看，后来征求一位石友的意见，他说这个"袋子"扁而不鼓，当作"钱袋子"看没有多大意义。

题名: 瑞兽辟邪

石种: 灵璧石·磬石

尺寸: 13 cm × 9 cm × 5 cm

磬石篇

骆 驼

这块石头题名"骆驼"。

2012年4月20日，我去安徽省灵璧县渔沟镇访石，晚上住宿渔沟，打算第二天到附近磬云山一游。谁知这夜下起雨来，直到早晨起床之时，雨仍然下个不停。我撑起雨伞，还是去了。行至山前，见道路泥泞，只好作罢。

7月3日，我专程去磬云山拍摄图片，这次打算从磬云山西南麓的解山头村登山，中午至村内，恰遇一老汉正在家门外喂牛，遂与之答话，问能否从村内上山。老汉说："这边没正路，都是庄稼地，不好走，你从这里出村，向北走，从新修的石牌坊那里上山。"我又问："家里有小石头吗？"他说有，稍候就领我进了家门。老汉家的石头，普通的放在院内，形好的则放在屋内珍藏。老汉说，这些石头都是从地里挖的。说话间，他从屋内的架子上取出一块石头让我看，并说这是象形石，具体像个啥，他也说不准。老汉让我现在就把这块石头买下来，我说"先上山，等回来后，如果需要，再来拿"。3小时后，我从山上下来，老汉已经去地里干活了，问及那块石头，看门的姑娘却不冷不热地说："我当不了家。"

7月16日，我徒步穿越灵璧石的中心产区，从灵璧县朝阳、京渠、马山、土山、钓台等村镇直至磬云山。当然，这次的任务，还包括购买那块已经看中的象形石。如此一路走来，到了解山头，得知老汉又去地里干活了。幸好，在家的一位中年妇女可以做主，她开价，我还价，最后成交。

回到家，我赏石多日，发现这样放，恰似一峰骆驼；那样放，又好像一条小狗。后来征求一位石友的意见，他说："如果缺狗，就当狗看，不然就当骆驼看。"

就当骆驼看吧！

题名：骆驼

石种：灵璧石·磬石

尺寸：17 cm × 12 cm × 6 cm

虎

这块石头题名"虎"。

题名"虎"的这块石头，源于江苏省徐州市一家奇石店，当时还没有配制底座，也没有上架存放，店主将其搁在一旁，这次却被我发现了，想来也算是缘分吧！问及价格，店主稍作让利，便顺利成交。又问及当作啥看，主人说像只"小老虎"。

这块石头确实像虎，个头不大，可以作为笔架置放案头，书法绘画，是用得着的。这也是我当初看中这块石头的一个缘由。

提到虎，我又想起了自己的"小名"。小名亦即乳名，与"大名"相对应。我的小名叫虎。为何以虎起名？那时在农村风俗中，以动物之名作小名，目的是祈盼自家的孩子无病少灾，茁壮成长。小名中以"虎""豹"最为常见，也有以"狗"起名的。

另外，以前在农村还有给小孩戴虎头帽、穿虎头鞋的习俗。这些习俗应该是在医疗条件不好的时代背景下逐渐形成的。

我的小名是由我大爷给起的。后来得知，我大爷还建议把"虎"字也用在我的大名之中。我的几位舅舅对我大爷的建议提出异议：若再用"虎"字，就与人家重名了。在农村，小名重名没关系，而大名最好不要重名。后来由师范毕业的三舅给我起了大名——张玉舰。

那时"预见"这个词，常用来颂扬伟大领袖毛主席。"预见""玉舰"谐音，也想沾点福祉。另一层含义是大海托军舰，一帆风顺。舅舅的姓名是以"海"字为辈，所以我的姓名中才选用了这个"舰"字。

这块石头让我钩沉出一段往事来。赏石之乐，就在于此。

题名：虎

石种：灵璧石·磬石

尺寸：14 cm × 10 cm × 6 cm

鸡

这块石头题名"鸡"。

那天，我在江苏省徐州市一家奇石店访石，看到这块像鸡且已配好底座的石头，曾故意问店主"是当鸡看吧"？店主说"是当鸡看"。我又半开玩笑地问："是母鸡还是公鸡？"店主说："是公鸡，雄鸡一唱天下白。"我又就近看了看这块石头，提出异议："这只公鸡没有冠子，倒是像母鸡。"我说这话，其实是想找点毛病，让店主优惠一点。店主说，这个就是似像非像，要是真和公鸡一样，那就假了。

在灵璧石中，像鸡的石头并不少见，通常题名"金鸡报晓"或"雄鸡一唱天下白"。我买下这块石头后，在题名上为示与众不同，思量半天，决定只用一字，以"鸡"名之。至于当公鸡看，还是当母鸡看，那就任你想象了。

纵览历代诗词佳句，就鸡而言，也多以公鸡为歌颂对象，明代诗人王淮倒是个例外，他在《钱舜举画花石子母鸡图》诗中，重点赞美了母鸡，其中有句云："父鸡昂然气雄壮，独立峰颠发高唱。母鸡喈喈领七雏，且行且逐鸣相呼。两雏依依挟母腋，母力已劳儿自得。两雏啾啾趋母前，有如娇儿听母言。两雏唧唧随母后，呼之不前不停口。一雏引首接母虫，儿腹已饱母腹空。嗟尔爱雏乃如此，不知尔雏何报尔。"

现代画家李苦禅曾画《教子图》，其款识云："有友人嘱画教子图，余不知所为，友曰即雌鸡领鸡雏也，遂援笔写之。"

"鸡""吉"谐音。在中国传统文化中，鸡属于神鸟、瑞禽。一些画家也常以鸡为题材创作"大吉图"，寓意大吉大利。

另外，这块石头上的石纹谓之胡桃纹，亦称核桃纹。纹、形俱佳，当属石中精品。

题名: 鸡

石种: 灵璧石·磬石

尺寸: 17 cm × 21 cm × 4 cm

鹰

这块石头偶然得之，原主人说它像一只大鸟。没错，其形似鸟。我又用手指弹了弹石头，音质清脆，可谓形、色、音俱佳。接着问价付款，收入囊中。回到家，我又为这只"大鸟"琢磨名字，认为以"鹰"题名最为恰当。

其后，我为这块石头配制底座，让"鹰"站在高处，俯视下方，形成动态之势，营造一种振翅欲飞、搏击长空的视觉效果。

在画家笔下，鹰总是和松、石在一起，或寓意高瞻远瞩，或表现振翅欲飞，或隐喻强悍勇猛。现代画家李苦禅善画鹰，其画《写鹰》款识云："写鹰必副以松，何也？无松则不赫肃耳。"

鹰，在我的家乡鲁西北称作"老鹰"。说实话，我见到老鹰的次数是屈指可数的，在我的记忆中，好像只在乡下看到过。

那时还是人民公社时期，各村以大队、小队为生产单位。每个小队都有一个中心场地，在此存放农具，从事养牛积肥、集合出勤等农事活动。同时，这里还是老鹰经常窥视的区域。为啥？农户散养的鸡禽常在这个区域游走觅食，老鹰见鸡，早就垂涎三尺。老鹰飞来，先是在空中盘旋侦察，继而扇翅滑翔，发现目标，便俯冲下来，将鸡打翻在地，然后升空，不一会儿再俯冲下来，继续攻击，直到猎物失去抵抗能力，老鹰才将鸡叼起，落到一个安全的地方，美美地享受一餐。当然，老鹰有时能把鸡叼走，有时也会徒劳而返。老鹰叼鸡，也算是农家新闻。因此过后常能听到这样的对话，"把鸡叼走了吗？""没有，我看见把鸡打倒了，就跑了过来。"这说明鸡获救了，老鹰却失望地飞走了。

题名: 鹰

石种: 灵璧石·磬石

尺寸: 13 cm × 9 cm × 4 cm

布谷鸟

每当桑葚快熟的季节，布谷鸟会准时飞到我的家乡鲁西北，一路上还"咕咕咕咕"地叫个不停。记得小时候在农村，常常能听到它的鸣叫声，悠扬且富有节奏感，顽皮好奇的小孩子，常常随着它的叫声，高声附和着："我是你姨夫！"这话不雅，却充满童趣，附和者似乎占了便宜，长了一辈。

在我的家乡，布谷鸟俗称"咕咕咕咕"，以其鸣叫之声取名，好记，也形象。桑葚下市后，布谷鸟的叫声随即消失，是飞走了，还是留下了？听我母亲讲，是留下了，没有桑葚吃，它就不会叫了。其实，在我的家乡，布谷鸟属于旅鸟，每年芒种前后路过这里，鸣叫几声，打个招呼，算是报告了夏收夏种夏管的消息。

布谷鸟的叫声也可"翻译"成"布谷布谷"。各地方言不同，也有把布谷鸟的叫声解读成"快快割麦""快快播谷""不如早播""雨水躲过""粮食满仓""好娶老婆"，或者把它的叫声和农忙季节合在一起，形成更加美妙动听的农谚："布谷布谷，磨镰扛锄。"

布谷鸟还做过凤凰的特使哩！皖西民歌《凤凰差我来叫春》词云："口唱山歌进山林，斑鸠问我是何人？我是春天布谷鸟，凤凰差我来叫春。山前叫罢山后转，叫得花红柳发青。叫醒几多种田人，早起下地忙春耕。叫醒几多花大姐，早起烧火把饭蒸。待到早稻扬花日，欢欢喜喜转回程。"

布谷鸟又名杜鹃、鸤鸠。其上体暗灰色，性格孤僻，常独来独往。许多时候，听到了它的叫声，却难以看到身影。2014年6月5日，我在江苏省徐州市一处城乡接合部晨练时，曾听到布谷鸟的叫声。6月6日是芒种。这个时节，当地桑葚已经上市，过不了多久，这里就要开镰收麦了。

这块石头其色其形非常像布谷鸟，故题名"布谷鸟"。

题名：布谷鸟

石种：灵璧石·磬石

尺寸：9 cm × 11 cm × 5 cm

栖 凤

　　这块石头是从一位石友家里淘来的，石友将其置放在客厅博古架上，不过尚未配制底座，说是当凤鸟看的。我买下后，又在江苏省徐州市一处花鸟市场选购了一个现成的底座，将"凤鸟"横卧在上面，心想以"栖凤"题名，不是更有意境吗！

　　"栖"，指鸟类停留、歇宿，亦指筑巢栖息的地方。民间认为"凤""凰"是百鸟之王，是神鸟，"公为凤，母为凰"，统称凤凰。

　　相传凤凰常在梧桐上筑巢。民间又认为，梧桐是树中之王，是灵树，能知时知令。《诗经·大雅·卷阿》句云："凤凰鸣矣，于彼高冈。梧桐生矣，于彼朝阳。"

　　明成化十九年（1483），吴嵩知灵璧县。清代《古今图书集成》（第八百三十七卷）收录吴嵩《灵璧磬石赋》云："浅深异色兮，远近殊声。山此名而生不在山兮，返浮土以沉坑。石此号而偏别有石兮，善象物以肖形。卧牛戢角兮，蟠蟠隐鳞。菡萏濯濯兮，胡桃断断。"

　　在一些灵璧石的石面上，常常分布着类似"沟壑"的石纹，犹如蟠螭，这种石纹称作蟠螭纹，俗称沟壑纹。

　　2003年，中国财政经济出版社出版的《中国灵璧石谱》，把具有蟠螭纹的灵璧石归为一大类，统称为"蟠螭灵璧石"。倘若按照这样的归类，"栖凤"又是不折不扣的蟠螭灵璧石了。

　　就蟠螭纹，我曾问过一位石友，他说没听说过，也不知道还有蟠螭灵璧石这个类别，但他对其他品类却说得头头是道。事实上，那些曲高和寡的概念总归要淘汰的。若将沟壑纹和蟠螭纹相比较，前者或许更容易被广大石友所接受。

题名：栖凤

石种：灵璧石·磬石

尺寸：21 cm × 9 cm × 5 cm

金鱼呈祥

这块石头以"金鱼呈祥"题名。金鱼畅游，如鸟儿飞翔，谓之呈翔。"翔""祥"谐音，也呈祥。

毛泽东词《沁园春·长沙》句云："鹰击长空，鱼翔浅底，万类霜天竞自由。"

另外，在古代还有一种金鱼符，作为佩饰，由皇帝赐给三品或四品以上的官员。唐代元稹《自责》诗云："犀带金鱼束紫袍，不能将命报分毫。他时得见牛常侍，为尔君前捧佩刀。"

金鱼为观赏鱼，无论是长相，还是游动的姿势，都非常可爱逗人。

这块石头源于江苏省徐州市一处花鸟市场地摊，摊主告诉我，这块石头是当人看的。我试着摆了摆，若把金鱼的尾巴朝上放置，还真像一个坐着的人哩！摊主沉思片刻，又说当人看有点勉强。但是，他也不知道再当什么看好了，于是征求我的意见。

我将这块石头拿在手里，从各个角度试着看了一遍，最终确定当金鱼看。主人半信半疑，因为主人的思维定势主要是人物。我和摊主言谈间，又过来一位老年石友，我将这块石头拿给他品鉴，他看了一番，也说当金鱼看好。

我让摊主说价，再让他给配个底座，约定下周见时，钱货两讫。如此不用订金，相互信任，说明我们早就知根知底了。

一个人的审美趋向，往往能折射出一个人的生活阅历及艺术修养。这位摊主的特长就是善于捕捉人物形状的石头。除了这一块，他摊位上的石头，十有八九都像人。

现在看来，这块石头当金鱼看，比当人看更富有诗情画意。

题名：金鱼呈祥

石种：灵璧石·磬石

尺寸：16 cm × 13 cm × 7 cm

葫　芦

这块石头题名"葫芦"。

想淘到一块类似葫芦的石头，这个念头由来已久。先前曾与一位石友交流，他说搜集石头，也可以选一个主题，形成系列，那样会更有趣。我说选择"福、禄、寿、喜"这个主题，能找到对应的石头吗？他告诉我：福，要找和蝙蝠相关的石头；禄，要找像葫芦的石头；寿，要找像龟的石头；喜，要找像鸟的石头。

后来，福、寿、喜对应的石头陆续找到了。

那天，我来到江苏省徐州市一处花鸟市场，在一个卖石头的地摊上选了几块石头，接着又和摊主聊了起来。我问："能不能给找一块像葫芦的石头？"他接着我的话说："也就是圆形的，上小下大的那一种？这样子的石头还真没有碰见过，不好找，看以后能不能挖出来。"摊主是安徽省灵璧县人，他地摊上的石头，都是从自家地里挖出来的，然后运到徐州市卖。

再后来，总算在一个地摊上找到类似葫芦的石头了。

葫芦是一种植物名，其果实亦名葫芦，形状像重叠的两个圆球，上小下大。老的葫芦晒干以后，过去常用来盛水、盛酒、盛药，外出时便于携带。因葫芦能盛药，还诞生了一句俗语："你葫芦里装的是什么药？"

葫芦还是道教中常用的法器之一。宋代陆游《刘道士赠小葫芦》（其一）云："葫芦虽小藏天地，伴我云云万里身。收起鬼神窥不见，用时能与物为春。"

"葫芦"谐音"福禄"。"禄"指俸禄，也是钱财的象征，古时候高官厚禄是一种荣耀。在中国传统文化中，以葫芦寓意"福禄"，既含蓄，又直观。说其含蓄，是因为"葫芦"可替代"福禄"解读；说其直观，是因为葫芦能用图画表现出来。

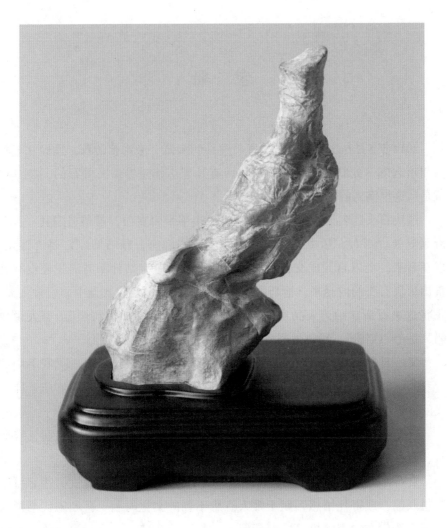

题名：葫芦

石种：灵璧石·磬石

尺寸：12 cm × 15 cm × 7 cm

宝　船

　　2014年5月6日，我去安徽省灵璧县朝阳镇、渔沟镇访石，途经江苏省徐州市远郊一处新开发的花木市场，有几家店铺是专营灵璧石的，"宝船"就是从这里淘到的。

　　这块石头题名"宝船"，既不玄虚，也不平庸直白，可谓名副其"石"，恰到好处。当时，店主为这块石头刚刚配好底座，新石新座，要价百元。现在看来，能以百元成交，我是捡了一个大便宜。估计那时店主还没有品赏出这块石头的内涵来，恰巧我来了，稍加思索，便收入囊中。后来几天，我将这块石头拿给诸人品赏。有人说像船，题名"一帆风顺"。有人说像船，是个"宝船"。我认为若当龟看，还可以题名"神龟探海"。

　　又一日，我在徐州市一处花鸟市场寻觅石头，一位摊主看见我手中的"宝船"，当即表示愿意用一块最大的灵璧石跟我交换，我没有答应。摊主又问，把他摊上的所有石头都给我，换不换？

　　这个"宝船"着实精致可爱。石头不大，状如山峦，石面温润，有褶皱，有石根。因此，也能当作山形石品赏。

　　赏石作为一项审美活动，可"雅"可"俗"。一块石头，文人墨客可以浮想联翩，或寄托情感，赋予常人意想不到的文化内涵。譬如宋代书画家米芾、清代文学家蒲松龄赏石就属于"雅"的范畴。一块石头，普通人更注重观其外形，言像这像那，从中得到愉悦，这属于"俗"的范畴。"雅"也好，"俗"也罢，在赏石中过程中，这种"雅""俗"并没有高低贵贱之分。

　　"宝船"载宝，一帆风顺。这一审美活动应该属于"俗"的范畴。

题名：宝船

石种：灵璧石·磬石

尺寸：14 cm × 7 cm × 5 cm

磬石篇

石 桥

这种石形，一些石友常以"仙桥""过桥"题名。我稍微变通了一下，题名"石桥"。

在浙江省嘉善县西塘镇有一座单孔石桥——卧龙桥，清康熙时由广缘和尚化缘筹款建造。卧龙桥题刻偈语："愿天常生好人，愿人常行好事。修数百年崎岖之路，造千万人来往之桥。"

修桥铺路，历来被视为善举。这块石头题名"石桥"也含有这层意思。

"石桥"石形简约，且叩之有声，用当地石友的话说："管玩！"

磬石，俗称黑石头，尤为广大石友所喜爱。一位石友曾经给我说："喜欢石头的人，玩到最后都玩黑石头。"黑色为永恒色彩，磬石为经典石种，这就是磬石的魅力。

为了使磬石黑润，一些奇石店店主还"发明"了一种非常荒唐的粉饰方法，即在清理后的石头上涂抹黑鞋油。其操作步骤大概如此：先将鞋油挤在毛刷上，然后用毛刷涂抹石面。讲究一点的，待鞋油晾干后，还要封上一层地板蜡。经过这样处理，石面就光鲜多了，从而达到美化的效果。对此，我曾与一位石友交流看法，这位石友却持肯定态度。他说："在石头上涂抹鞋油很正常，就像人抹雪花膏一样，不算造假。"虽然我不认同，但又想不出更好的言辞来反驳他。

一天晚上我外出散步，又思考起这件事来，竟然顿悟了，那不是诡辩术吗！人抹雪花膏，粉饰脸面，追求的是一种化妆美，而非自然美；赏石，追求的是一种自然美，两者焉能混为一谈。

其实，在这类石头上涂抹一点雪花膏，也是能变黑的。

题名：石桥

石种：灵璧石·磬石

尺寸：10 cm × 8 cm × 5 cm

"上"字石

在一些奇石店内，我见过"'寿'字石"，也见过"'龙'字石"，均为灵璧石。寿、龙乃中国吉祥之字，如果没经过人工刻画，天然而成的"寿"字或"龙"字，试想，那价值不连城，也会贵得要命。那块酷似"寿"字的石头，因为太像，"笔画"又多，我倒起了疑心，再说我也买不起，看看罢了。后来，我又去这家奇石店，在一个并不显眼的角落里，竟然遇到了这块尚未配座的"'上'字石"。这块石头，因字义中性，块头又小，所以价格也就贵不到哪里去。

呈现文字的石头大概分两类：第一类是石形像某个字，譬如这块"'上'字石"，石形像"上"字；第二类是石面上的石纹或岩脉像某个字，亦或像某个词。所见文字石，以第二种居多。当然，文字石也有优劣之分。好的文字石，石形耐看，石面润泽，石质坚硬，文字逼真且含义吉祥。

文字石在其他石类中并不乏见，尤其在雨花石、泰山石、黄河石等石类中比较常见。有些石友作为专题收藏，将其列为一类，统称文字石。文字石所呈现出的文字，以形似"草书"者居多，犹如写意画，似像非像。

文字石又分单字石和词组石，呈现一个字的石头称单字石，呈现两个字的石头则被称为词组石。我就见过一块石头，石面呈现"八一"二字。这样的词组石比较罕见，且多以简单的字符为主。更多的词组石却是另外一种组合形式，即把外形相差不多的单字石组合在一起，而呈现一组词句，譬如"中华奇石""江山万里春""山川""元旦""平安"等。搜寻单字石，再集单字石为词组石，需要学识和眼力，更需要时间和耐力。

给文字石题名，我认为还是直呼其字其词为好。"'上'字石"就是这样题名的。

题名:"上"字石

石种:灵璧石·磬石

尺寸:17 cm × 16 cm × 3 cm

"山"字石

1996年9月2日至12日，"江苏省第二届赏石展"在徐州市快哉亭公园举行。10月10日至15日，"第三届中国赏石展"在徐州市云龙公园举行。以此为契机，徐州市奇石市场逐渐红火起来，先后设立了快哉亭、新生里、响山、云龙山、楚王陵等奇石市场。

徐州楚王陵奇石市场位于东三环路狮子山，此时尚属于近郊，地域开阔，方便卖石买石，"'山'字石"就是从这里淘来的。

当时有位石友，常常推着一辆三轮车，在此展销灵璧石，车上放着全是配好底座的小石头，块块精致。这次我观赏其石，偶然看中两块，一块山形石，一块就是这个"'山'字石"。问及价格，主人说"'山'字石"50元。这个价格在当时来说并不算低，我还价30元。主人说："30元的价已经有人出过，没卖。想要，再加5块钱给你。"我没有犹豫，当即成交。

另一块山形石价钱稍高，无奈身上带钱不多，也就放弃了，等到下个周末再来购买时，那块山形石早已无影无踪了。这正应验了那句老话："石有灵性，石可择主。"后来，这个市场被关闭拆除。

赏石讲究的是一种天然美。石友曾言"玩石就要玩原石"。不经雕琢，奇美皆备，这样的石头才值得玩赏和珍藏。

我将这块"'山'字石"置于案头，古雅自然，赏心悦目，可观"山景"之美，亦可以当做笔架使用，谓之天造"'山'字石"，托笔养神韵。

这块"'山'字石"真是妙趣横生啊！

题名："山"字石

石种：灵璧石·磬石

尺寸：15 cm × 9 cm × 3 cm

笔架石

这种形状的石头通常当作笔架使用，大一点的可以题名"笔架山"，小一点的则题名"笔架石"。

宋代赵希鹄《洞天清禄集·笔格辩》载："玉笔格，惟黑白琅玕二种玉可用，须镌刻象山峰耸秀而不俗方可，或碾作蛟螭尤佳。尝见一士家用玉作二小儿交臂作戏，面白头黑而红脚白腹，以之格笔，奇绝。或以小株珊瑚为之，以其有枝可以为格也。铜笔格，须奇古者为上，然古人少曾用笔格，今所见铜铸盘螭，形圆而中空者，乃古人镇纸，非笔格也。石笔格，灵璧、英石自然成山形者可用，于石下作小漆朱座，高半寸许，奇雅可爱。"

看来，在诸多材质及造型的笔架中，灵璧石"自然成山形者"更加"奇雅可爱"。此话尽管为宋人所言，但观点并不落伍，至今还是这样的，尤其是书画家，对这类笔架可谓情有独钟。退一步说，像这种形状的笔架石，即使不用于置放毛笔，当作摆件也能赏心悦目。

我曾多次去过一些花鸟市场及奇石店，类似的笔架石并不少见，但精品难求。说是精品，就磬石而言，至少要具备四个条件：一是要大小适中，有两个以上的"山头"，尤以三个最佳；二是石色黑里泛青，石面温润，有岩脉者最佳；三是石纹丰富，有斧劈纹或褶皱纹等；四是叩之有声，天工造物，形俱而神生。

清代徐珂《清稗类钞·鉴赏类》载："皖之灵璧山产石，色黑黝如墨，……置案头，足与端砚、唐碑同供清玩。"

如此说来，我这块"笔架石"也可以"与端砚、唐碑同供清玩"了。不过，我用的是歙砚，更无唐碑原拓，倒是有一幅汉《曹全碑》拓片，源于陕西省西安碑林博物馆。

题名: 笔架石

石种: 灵璧石·磬石

尺寸: 15 cm × 8 cm × 4 cm

镇纸石

在传统书房中，常把笔、墨、纸、砚合称文房四宝。除此之外，镇纸在文房中也扮演着重要角色。我想若有"文房五宝"之说，那么镇纸应该是其中的一宝。

镇纸是用来压纸的一种文房器具，其造型多样，明代文震亨《长物志》（卷七）中列举详尽，并逐类点评："镇纸，玉者有古玉兔、玉牛、玉马、玉鹿、玉羊、玉蟾蜍、蹲虎、辟邪、子母螭诸式，最古雅。铜者有青绿虾蟆、蹲虎、蹲螭、眠犬、鎏金辟邪、卧马、龟、龙，亦可用。其玛瑙、水晶，官、哥、定窑，俱非雅器。宣铜马、牛、猫、犬、狻猊之属，亦有绝佳者。"

接下来，文震亨又提及"压尺"这个概念，称"压尺，以紫檀、乌木为之"，上面用旧的玉制剑鼻做钮，俗称"昭文带"。有一种带双桃银叶提系的压尺，虽然精致，但也不属于雅物。还有的在中间挖一个孔放置锥子之类的东西，这样的压尺更为低俗。

可见，那时镇纸和压尺是两个概念。镇纸是立体器物，可置放在博古架上，当作工艺品欣赏。压尺是尺子形状的，但也具备镇纸的功能。后来，压尺的概念被镇尺取代。因此，也就有了"镇尺又名镇纸"的说法。

以前我在安徽省灵璧县奇石文化街上购买过镇尺，由磬云山片状岩层之磬石制作而成，上面雕刻着竹子图案。

这块石头是我从灵璧县磬云山捡来的。2012年11月30日，我登至山脊，在路旁的树坑边上看到这块石头，石形长方，心想做个纪念，便带了回来。其后，我将这块石头上的黄泥土及石粉清理干净，见其色泽青润，简洁淡雅，着实可爱，遂题名"镇纸石"。

题名：镇纸石

石种：灵璧石·磬石

尺寸：18 cm × 5 cm × 6 cm

凌云石

　　品赏这块石头，着实让我花去了不少时间，直到前去配制底座这一天，我才确定这样看，并题名"凌云石"。

　　这块石头源于江苏省徐州市一处古玩市场，当时我看着石形奇特，便买了下来。问摊主当啥看，摊主说："像头兽，这样看。"他说话时将石头拿起来给我示意了一下，又说："这边是兽头，回头兽。"我回到家里，感觉当兽看，显示不出这块石头的气势来，这样摆那样摆均看着不顺眼，只好放在案头，等待灵感的到来。

　　某日有石友打电话给我，说他又翻检出一些早年购买的灵璧石，让我去他家挑选。我如约前往，并带上这块尚未题名的石头，一是想挑选几块可心的石头，二是让他看看这块石头当啥看好。

　　这位石友拿着我的这块石头，试着摆出几种样式，然后告诉我，这样看可当鸟，那样看又能当回头鸟，也能当兽看。我接触过不少经营奇石店的石友，他们的理念是：感觉石头好看，能卖出去就行，尤其对象形石最为敏感，像鸟、像兽、像人，是他们选石的第一标准；再就是山形石，峰峦起伏，像个小山什么的。因此，他们品赏石头，先从这方面考虑题名的问题。

　　又过了几天，我去一家奇石店为这块石头配制底座，又和店主聊起"凌云石"来。

　　我说："这块石头很纠结，都说当鸟看，再就是当兽看，石头像鸟、像兽、像人的太多了，不如换种看法，这样看——有点'倒挂'的样子。"

　　店主同意我的看法，随即在石头的一端用粉笔画了一道，作为配制底座时确定石头方向的记号。

题名: 凌云石

石种: 灵璧石·磬石

尺寸: 16 cm × 17 cm × 5 cm

避雨石

这块石头题名"避雨石"。

避雨，寓意遮风避雨，安居乐业。一位石友曾经给我说，当亲戚朋友搬入新房时，若前去"温锅"，送上一块"避雨石"，比送锅、送鱼更有意义。

这天我去安徽省灵璧县渔沟镇访石，走在一处拐角处，见墙外堆积着石头，院内有加工底座的木工师傅，遂进去看了一番。问及木工，说石头是这家人的，他是来加工底座的，要看配好座的石头，得去楼上看。木工师傅通知主人，我便被主人带入楼上。好家伙！楼上三间，井然有序地摆放着许许多多的灵璧石，墙上以字画相衬，非常雅致。可以看出，主人是有艺术品位的。这些灵璧石多为精品，主人也是爱石之人，但并非以此为业，有人要，就转出去，没人要，就自己留着欣赏。我逐个过目，一饱眼福。本来，这次没有打算购买石头，此时又经不住美石的诱惑，看中两块，还是买了下来。这块"避雨石"就是从这里淘到的。

以"避雨石"题名的石头，大多是山形石，上大下小，如檐似盖，整块石头由落地处支撑，悬空处"容人放物"，石友多在这些地方饰以"渔翁垂钓""牧童骑牛吹笛"等摆件，犹如山村美景，为避雨主题带来另外一番情趣。

这块"避雨石"的底座为雕花虎腿式，属于比较讲究的一种高档底座。底座四周又雕饰松枝，松石结合，浑然一体。"虎腿"乃力量的象征，用它将石头腾空托起，形成左右"避雨"空间，重心居中，显得非常稳固。

避雨避雨，寄情于石，倘若"避雨石"真能保佑平安，那就神了。

题名：避雨石

石种：灵璧石·磬石

尺寸：20 cm × 10 cm × 9 cm

海岳石

2009年7月20日，我去山东省淄博市蒲松龄故居参观游览，在聊斋条几上看到三块石头，均为蒲松龄旧藏：一是形似青蛙的"哇鸣石"，再就是"三星石"，还有一块是"海岳石"。

通常认为这块"海岳石"是灵璧石。相传清康熙二年（1663），蒲松龄同邑挚友毕际有罢官归田，后得"海岳石"，赠予蒲松龄。蒲松龄则以"刺史归田日，余钱买旧山"诗句记之。

又传"海岳石"原为宋代米芾所藏，至明代传至米芾后裔米万锺。

将"海岳石"与米芾联系起来，应该源于米芾斋号海岳庵。

米万锺是明万历进士，嗜石善书画。明末清初孙承泽《天府广记》收录明代陈衎《米氏奇石记》云，米万锺所藏灵璧石有二：一块"延袤坡陁，势如大山"，"岩腹近山脚特起一小方台，凝厚而削，台面刻'伯原'二字，小篆佳绝"；一块"色皆纯黑，凝润如膏"。显然，这两块灵璧石都不具备"海岳石"的特征。

其实，在蒲松龄家乡还有一种被称为"淄博文石"的石头，其特征和海岳石相差无几。因此，这块"海岳石"也不排除就是当地石头的可能。认为"海岳石"属于灵璧石，且源于米芾的说法，也仅仅是相传而已，并没有确凿史料证实这件事情。另外，蒲松龄《聊斋杂记·石谱》载，灵璧石"色黑如漆，纹细白如玉，不起峰"。而这块"海岳石"不但不"黑"，还有"峰"哩！

我这块石头亦题名"海岳石"，源于江苏省徐州市一处古玩市场，是灵璧石，而且价格不菲，但并非米芾藏石，只是借用其名而已。

题名：海岳石

石种：灵璧石·磬石

尺寸：20 cm × 11 cm × 10 cm

重岩叠嶂石

这块石头题名"重岩叠嶂石"。

2014年5月，在安徽省灵璧县城举办过一次以灵璧石为主的"精品石博览会"，"重岩叠嶂石"就是从这次博览会上购买的。当时摊主要价适中，不过，我还是想把价格压低一点才好，曾问摊主"200元能拿吗"？"200元买不到石头，"摊主说，"一块石头从地里挖出来，再雇人清理半天，再配上底座，不够工夫钱。"

关于灵璧石的清理，古今还是有区别的。

宋代杜绾《云林石谱》（上卷）载，灵璧石"石产土中，采取岁久。穴深数丈，其质为赤泥渍满。土人以铁刃遍刮三两次，既露石色，即以黄蓓帚或竹帚兼磁末刷治清润"。其中的"磁末"同"瓷末"，指瓷器碎末。

如今在灵璧石产区，经常可以看到"专业机械刷奇石"的小广告。一些奇石店常雇人清理石头，有的按天付酬，有的计件付酬。操作时以电动工具为主，效率高，也省劲。同时，一些奇石店也经营代为石友清理石头的业务。

为清理好的石头配制底座，也分三六九等。好的底座，在设计、用材、做工上都非常讲究。俗话说"人配衣裳马配鞍"，石头底座也是如此，恰到好处的底座能将石头的神韵衬托出来。我认为"七分石头，三分底座"，至少应该是这样的。

这块石头，当时摊主并没有题名，只说是山形石，石质好，石面温润。我带回家后置于客厅，感觉"这座山"巍峨壮观，因此曾题名"昆仑山"，一作"靠山"。后来又感觉这个题名缺乏意境，但也实在想不出其他名字来。2020年8月，经过再三品赏，才易名"重岩叠嶂石"。

题名: 重岩叠嶂石

石种: 灵璧石·磬石

尺寸: 20 cm × 15 cm × 14 cm

灵璧小峰

这块石头题名"灵璧小峰"。

安徽省灵璧县磬云山为灵璧石中心产地。2011年，在磬云山始建地质公园。磬云山海拔只有114.2米，山体平缓，其势尚不如这块"灵璧小峰"。

清代诸九鼎《石谱》云："古人如米元章、苏东坡多有石癖，至今犹思其高致。"清乾隆《灵璧县志略·古迹》（卷四）收录宋代苏东坡《灵璧张氏园亭记》云："取山之怪石，以为岩阜。"这里的"怪石"，无疑指的就是灵璧石了。宋代赵希鹄《洞天清禄集·怪石辩》云："怪石小而起峰，多有岩岫耸秀嵌嵌之状，可登几案观玩，亦奇物也。其余有灵璧、英石、道石、融石、川石、桂川石、邵石、太湖石，与其它杂石亦出多等，今列于其后。"

怪石，也称花石，现在多称奇石，或称观赏石。在灵璧石产区，"怪石""花石"的名称至今还被老年人沿用着。有一次我去乡下访石，一位老大爷曾给我讲这些怪石如何如何。有一次问路时，一位老大娘又曾告诉我：向前走，到路口看到有花石头的地方就是某某村庄。

这块"灵璧小峰"尺寸不大，石面青润，声亦泠然，除"可登几案观玩"外，还可当手把件把玩，也可以将它陈放在书桌画案，当作笔架使用。

宋代庄绰《鸡肋编》（卷中）载，宋徽宗"始爱灵璧石，既而嫌其止一面，遂远取太湖"。

宋徽宗时修筑宫苑艮岳，在各地征集花石，由运输花石的船队——"花石纲"运往都城东京（今河南开封）。起初，宋徽宗是喜欢灵璧石的，后来又醉心太湖石。因此，灵璧石的采掘一时由热趋冷。其后，灵璧石在一个相当长的历史阶段，几乎无人问津。

题名：灵璧小峰

石种：灵璧石·磬石

尺寸：16 cm × 8 cm × 5 cm

白头山

这块石头的白色部分实为方解石晶体，呈椭圆形，且位于"山顶"，故题名"白头山"。如果从另一边看，这块石头犹如石鼓，因此也可以题名"石鼓"。

"白头山"的可赏之处，还在于石面上的斧劈纹。斧劈纹，本意指用斧劈木柴时留下的痕迹，当地石友常用来比喻石头上的一种石纹。品赏一块石头，初看像啥像啥，这只是一个方面。接下来还要看石质如何，是否有石纹。现实中，形好、质好的石头并不难寻，而兼备纹好的石头，却要等待石缘来临了。

石纹，除了能增添石头的韵味外，往往也是辨别灵璧石的一个重要依据。

灵璧石被誉为"天下第一石"。其依据应该是宋代杜绾《云林石谱》，他将灵璧石列入诸石之首。不过，一些石友却认为"天下第一石"由清乾隆帝"敕封"。大概是说乾隆帝下江南时，途经灵璧县，得到一块灵璧石，让其心动，当即题写"天下第一石"。乾隆帝下江南是真事，而这段故事则是虚构的，因为从历史文献中找不到这一御题的版本。

另外，"白头山"也是一块老石头！

所谓老石头，不是说石头生成的年代早，而是指石头被人收藏把玩的时间早，这样的石头，从石面包浆可以看得出来，石友们在交流时常说是老石头，目的是让你放心，能玩。

宋、明、清时期的石头，统称古石。鉴定古石，一是从传承方面进行考证，二是看铭文。古石通常题刻铭文，有的刻在石头上，也有的刻在底座上。如果没有铭文，通过底座的材质及造型，也能断定石头被人收藏把玩的大概年代。

题名：白头山

石种：灵璧石·磬石

尺寸：15 cm × 8 cm × 9 cm

小茶壶

这块石头题名"小茶壶"。

品赏这个"小茶壶"时，我又想起了儿歌《小茶壶》歌词："我是茶壶肥又矮，我是茶壶肥又矮，这是壶柄这是嘴，这是壶柄这是嘴，水滚啦，水滚啦，冲茶啦。"

像"小茶壶"这样的石头，又俗称青石头。青石头，本质上就是黑石头，石面泛青，那是由于石粉没有清除干净所致。如果用钢丝刷继续清理，石粉除净，石面就成黑色了。以往对磬石的清理，通常用盐酸处理，这样见效较快，石面立马变得黝黑。后来石友们的审美情趣发生变化，认为石面全黑，缺少层次感，而留住"青色"，则更能体现石头的原初形态。因此，当地石友在清理磬石时也就改变了方式，通常先用电刷清理，然后再用钢丝刷清理细部，如此反复，这块石头就能赏心悦目了。

这个"小茶壶"，在清理时就采取了这种新的处理方式。其后我又为"小茶壶"配制底座。赏之，其形、质、色、纹皆备，用当地石友的话说，这块石头"管玩"。

另外，当地一些石友也常把磬石称作八音石，说敲击磬石的不同部位能发出不同的声音，且声音清脆，故名。2014年，商务印书馆出版的《古代汉语词典》（第2版）载，八音是"古代乐器的总称。即金（钟）、石（磬）、丝（琴、瑟）、竹（箫、管）、匏（笙、竽）、土（埙）、革（鼓）、木（柷、敔）八种不同音质的乐器"。另外，八音还"泛指音乐"。

谓之八音石，大概是在表述这种石头能制作八音之一的古代乐器"石（磬）"。实际上，这也是磬石名称的来历。

题名：小茶壶

石种：灵璧石·磬石

尺寸：14 cm × 7 cm × 9 cm

纹石篇

拜石宗萍画上老人

　　灵璧纹石，简称纹石。其石面分布着一些由远古藻类形成的规则性线状花纹，亦即石纹。纹石之名由此而来。这些石纹主要包括回形纹、蝴蝶纹、云头纹、流水纹等。纹石质地等同磬石，往往又因石纹所在而胜于磬石。

纹石篇

泰山石敢当

这块石头题名"泰山石敢当"。

通常将带有回形纹、蝴蝶纹、云头纹、流水纹等石纹的灵璧石，称作纹石。有的石头仅带一种石纹，有的则兼备几种石纹。

清乾隆《灵璧县志略·山川》（卷一）载："周家山产纹石。"纹石质地等同磬石，往往又因石纹所在而胜于磬石。磬石与纹石的划分，有时是模棱两可的。有些石纹不在看点之内，或者石纹不多、不突出，说纹石有点勉强，但符合磬石特征，这样的石头，有的将它归为磬石，有的则将它归为纹石。灵璧石中的纹石，以安徽省灵璧县渔沟镇白马村一带所产纹石最为著名，纹深且多，形色也好。

这块石头的石纹以斧劈纹和回形纹为主，虽然回形纹不多，但毕竟有啊！有回形纹，就可以将这块灵璧石称之为纹石。其题名源自民间故事"泰山石敢当"。"石敢当"是泰山脚下的一位神仙的姓名，姓石，名敢当。相传这位神仙原来也是人，武艺高强，力大无穷，专门降妖捉怪，为百姓办好事，后来修炼成仙，被信众视为神祇。

石敢当的故事在民间流传甚广，而且版本也不尽相同，其核心内容大概是这样的：以前泰山脚下常常闹鬼，每次都让石敢当给平息了。后来，石敢当驱鬼的事迹不胫而走。石敢当出名了，天南地北，这儿也来请，那儿也来请，石敢当跑不过来，便告诉他们找块石头，刻上"泰山石敢当"就可以避邪了。从此"泰山石敢当"成了一个特定的符号，通常立在"犯冲"的地方，让魔鬼不敢靠近或绕道而走。

这块石头其形似人。我审视许久，从它敦实的外表上又派生出"身强体壮、力大无比"的心理感应来。心想，这不是"石敢当"吗！

题名：泰山石敢当

石种：灵璧石·纹石

尺寸：9 cm × 21 cm × 7 cm

戴胜诉春

这块石头源自江苏省徐州市一家奇石店，店主告诉我"这是纹石，像只鸟，朝后扭头，还带冠子"。我仔细观赏，果真如此。

"像只鸟"，像啥鸟呢？我通过翻检鸟类资料，将这块石头题名"戴胜诉春"。

"戴胜"为一鸟名，俗称花蒲扇、发伞头鸟、鸡冠鸟、山咕咕等，在我国各地都能看到它的踪影。戴胜外形极其独特，头上有长长的羽冠，耸立展开时非常鲜艳注目，如戴花胜，嘴细长稍弯，羽毛五彩缤纷、错落有致。

唐代贾岛《题戴胜》诗云："星点花冠道士衣，紫阳宫女化身飞。能传上界春消息，若到蓬山莫放归。"

2000年，中国金币总公司发行中国珍禽彩色金币、银币各一枚，其背面图案均为戴胜鸟，寓意"千年伊始，戴胜如意"。

记得我第一次见到戴胜鸟，曾误认为是花斑啄木鸟。那年我在苹果园帮父母干农活，忽然看到两只戴胜飞落在树上，我随口说了句"啄木鸟"。父亲扭头看了看，说那不是啄木鸟，但他也说不出这种鸟的名字来。

第二次见到戴胜，是在徐州市一处花鸟市场里，为验证我的识别能力，曾试探着问了问这是啥鸟，主人见我不是买鸟的主儿，很不情愿地说出两个字来——戴胜。这里的戴胜被关进鸟笼，笼底铺垫着细沙，它蹦上蹦下，还时不时的在沙子里面叨来叨去。戴胜由野鸟变为宠物鸟，不知是福还是祸？

这块石头的石纹不甚明显，只在上部中段有少许回形纹和流水纹，但叩之有声，且声音清脆，再加上石形至少有九分像鸟，也算是石中精品了。

题名：戴胜诉春

石种：灵璧石·纹石

尺寸：17 cm × 11 cm × 4 cm

纹石篇

金蟾招财

那天，我在江苏省徐州市一家奇石店内看上了这块石头，曾问店主："这块是当金蟾看吧？"店主回答："是当金蟾看，而且两面都可以看。"我把石头拿在手中仔细观赏了一遍，不假，另一面也恰似金蟾。问其价格，当然不低。店主说："这是纹石，又这么象形，是早年自己的藏石，不太想卖。"我知道自己没有还价的余地了，便当即付款成交，将金蟾请入我的门内，并题名"金蟾招财"。

在为金蟾这类形状的灵璧石配制底座时，讲究者通常采用雕花底座，价格贵，但上档次。所雕图案多为铜钱，有零散的、也有成串的，这些铜钱布满在金蟾的周围，寓意金蟾招财。

金蟾招财源于民间故事。传说刘海功力高深，喜欢周游四海，降魔伏妖。适逢蛤蟆精蹦蹦跶跶，祸害百姓，刘海将其捉拿问罪。为立功赎罪，蛤蟆精将散落各地的金银财宝全都咬到嘴里，协助刘海造福世人，为穷人发散钱财。后来，这只蛤蟆精就成了民间信奉的镇物。蛤蟆又名蟾蜍。金蟾之名大概由此而来。

另外，在民间又有"刘海戏金蟾，步步得金钱"之说。相传金蟾本为南海龙王之女巧姑化身，因遇险情被青年樵夫刘海所救。巧姑回到宫后日夜感念并萌生爱意，又化为金蟾寻找刘海。适逢刘海打柴，遂抛出一串金钱。刘海心生奇怪，发现金蟾。巧姑显出原形，与刘海结为夫妻。

看来，"刘海戏金蟾"，不仅仅是"步步得金钱"，这里面还隐喻着一个朴素的传统观念——知恩报恩，善有善报。

在民间习俗中，一些商户通常将镇物金蟾摆放在店内，寓意吸财聚财，财源广增。常言道"信则灵"，其实不信也无妨。

题名：金蟾招财

石种：灵璧石·纹石

尺寸：16 cm × 9 cm × 11 cm

鱼鸟忘情

这块题名"鱼鸟忘情"的石头，源于江苏省徐州市一处花鸟市场地摊，卖石者为一老年人，早年爱石，说家中有不少灵璧石，所售之石均无底座，价钱也就相对低廉了不少。

我问"这块石头像个啥"？老年人说"像只鸟"。我则认为"当鸟看也行，当鱼看也行"。这块石头，一端像鸟，一端似鱼，但当鸟看或当鱼看均不完整，我犹豫起来。老年人执意让我买下，而且要价不高，我只好婉言谢绝："今天不要了，下次再说。"

说来也巧，又到了周六，我订的《书法导报》来了。读报之时，竟然看到一方篆刻作品，印文"鱼鸟忘情"。心想，上周日看到的那块石头，也可以作"鱼鸟忘情"看呀！我匆忙吃过午饭，骑着自行车去了花鸟市场。巧的是，那位老年人仍然在出摊，那块石头也没有被别人买走。这就是石缘！

鱼鸟忘情，亦作忘情鱼鸟，比喻思想纯朴而无杂念的人，交往时能真诚相处，毫无猜忌。历代不乏文人墨客引用"鱼鸟忘情"，描写超脱尘俗、忘身物外、倾心山水的田园隐逸生活。

宋代苏颂《再酬三次前韵》诗云："千里江山昔霸基，百年文物憺皇威。闾阎栉比于今盛，塔寺鳞差自古稀。极目烟霞时显晦，忘情鱼鸟自潜飞。何须远慕岩居者，乘兴还来兴尽归。"

元代书法家张雨，字伯雨，号句曲外史，所题《赋听泉亭绝句》云："叠石为山小结亭，亭皋白水浸空青。要知鱼鸟忘情地，却是无声最可听。"

题名: 鱼鸟忘情

石种: 灵璧石·纹石

尺寸: 19 cm × 12 cm × 4 cm

纹石篇

鱼

这块石头题名"鱼"。

鱼为人们所熟知，又富有吉祥之意。因此很多石头，只要形状有点像鱼，在题名上，石友便会打起鱼的主意来，什么"鲤鱼跳龙门""年年有余""小金鱼"等等，类似的题名不胜枚举。

这块石头是从安徽省灵璧县朝阳镇一家奇石店的仓库中选到的，起初石面被厚厚的石粉覆盖着，石纹隐隐约约，并不明显，只是外形像鱼。我让店主出价，店主说是白马纹石，自然要价不低。

"鱼""余"谐音。在传统木版年画中，以鱼为题材的作品非常多，譬如民间木版年画《连年有余》，即由女童、莲花、鲤鱼等主要元素构成。"莲""连"谐音，从而表现出"连年有余"这一主题。"有余"亦即年年有余粮、有余钱。

在佛教寺院中还有一种常见的法器——木鱼。木鱼乃刳木而成，中凿空洞，叩之有声。木鱼有两种造型，一是圆形，僧人诵经时叩之，以调音节；二是长形，悬挂在斋堂前，僧人开饭时敲击。为何用木鱼作法器？佛教典籍《百丈清规·法器章》载，相传"鱼昼夜常醒，刻木象形击之，所以警昏惰也"。看来，鱼的吉祥之意还真不少哩！

曾经有一位石友给我讲，纹石按石纹的圈数论价，好的纹石，一圈要价千元。这块石头纹深纹多且有规律，若按照一圈千元计价，这块石头贵了去了。

在当地一些奇石店中，标价高的石头并不鲜见，说明一块好的石头确实来之不易。另外，许多店主也是赏石行家，一块非常称心的石头，你若出价不到位，店主会说"这块自己留着，不想卖"，然后再让你看看其他的石头。

题名: 鱼

石种: 灵璧石·纹石

尺寸: 25 cm × 9 cm × 6 cm

龟

这是一组组合石，题名"龟"。

在这两块石头中，大的那块呈现流水纹。虽然纹路清晰可辨，但毕竟少了一些。我曾拿着它特地请教过一位石友，他说"这是纹石"。另一块小石头，是后来得到的，特征明显，呈回形纹。

最初，我曾将小龟放在后面，后来才变成这种样子。如此移位，便有了新的寓言：小龟跟着龟妈妈学走路，走着走着，小龟超过了龟妈妈，然后它又回过头来，要龟妈妈歇一歇，并缠着龟妈妈给它讲故事。龟妈妈想了想说："好吧，那就把上次和兔子赛跑的事儿讲给你听听。""龟兔赛跑"的故事家喻户晓，当然是龟胜兔败了。

这一组合石寓意母子情深。

在山东省济南市趵突泉，也有一块以"龟"题名的石头，号称济南第一名石。2004年4月5日，我去趵突泉时还专门拍了照片，今天撰文，又特地将这张照片翻检出来，横看竖看，也没有看出龟的形状来。这块石头是太湖石，属于元代散曲家张养浩云庄别墅遗物，石高近4米，重约8吨，当时与麟、凤、龙并称为四大灵石，1977年将龟石移入现址。

我推测，原来在张宅内有四块石头，他按照古代四灵麟、凤、龟、龙的顺序，逐个题名，每石代表一灵，至于像啥不像啥并不重要。

灵璧石中像龟的石头并不少见，有的亦题名"龟"，有的题名"神龟"，有的题名"富贵千年寿"，等等。

题名：龟

石种：灵璧石·纹石

尺寸：7 cm × 3 cm × 4 cm／16 cm × 12 cm × 7 cm

纹石篇

纹　韵

这是一块非常贵重的石头，题名"纹韵"。

说其贵重是指价格而言。这块石头源于一位石友家中，属于早年挖掘出来的白马纹石，要价不低，已经远远超出我的心理价位。不过，纹石难求，形状好的纹石更难求。贵，也要买下来！

白马指安徽省灵璧县渔沟镇白马村，白马村因白马山而得名。白马纹石资源稀少，是当地石友纷纷"争抢"的石种。

2012年11月30日，我去白马访石，路过一个叫周寨的村庄，听当地一位石友说："周寨也有纹石，但很勉强，在以前白马纹石多的时候，说周寨那种带纹的石头是纹石，人家会笑掉牙，现在白马纹石少了，才把周寨带纹的石头也当作纹石看待。"

另外，在渔沟镇解山头村、郑巷村，我还看到过两块带有"云头纹"的石头，纹浅且少，说是附近磬云山的石头。我问主人："这石也叫纹石？"主人说："也可以说是纹石，和白马纹石相比有点勉强。"

除去灵璧县境的纹石外，其他地方也有称作"纹石"的石种。譬如广西的"来宾卷纹石"及汉江流域的"沟纹石"，其石纹与灵璧纹石具有一定的可比性。

关于石纹的成因，有一种观点认为是由海潮或水流造成的。不过，我在看了1998年海洋出版社出版的《神奇的化石世界》后，认为石纹应是远古藻类留下的踪迹。

"纹韵"石纹丰富，形似飞禽，可谓纹、形兼备。我把品赏的重点落在石纹上，每次对视，看到这些犹如音符流动的石纹，仿佛听到了天籁之音，它让我陶醉在悠扬的旋律之中，从而得到精神上的愉悦。

题名：纹韵

石种：灵璧石·纹石

尺寸：21 cm × 19 cm × 5 cm

朝　靴

像靴子或说像脚的石头也往往被爱石人所喜爱，原因是能赋予它吉祥之意。

2014年1月18日，我去江苏省徐州市一处古玩市场，这里时常有灵璧石地摊，摊位不多，也就三五个。以往每次来到这里总有收获，因忙于其他事情，已经半年多没有来这里寻找石头了。这次来，我遇见一位摊主，看上去60岁左右，非常热情，他指着摊位上的石头给我逐一讲解：这块当人看，这么看才像；那块像刘胡兰。

20世纪五六十年代出生的人，从小就通过语文课本、连环画、电影等渠道受到众多英雄人物事迹的熏陶，因此脑子里也就有了这些人物的永久印记。如果知识面没有扩展，看到一块像少女的石头，就容易联想到固有的印记，这位摊主的印记就是刘胡兰。可见，赏石与个人阅历及知识积累有着非常大的关系。

这位摊主继续向我介绍他的石头："这块像足。"我附和着说："是，像脚。"他又说："足，就是知足，知足常乐。"其实，我早就有一块这种形状的石头了，而且比他这块要好得多。

首先，我这块石头带纹，属于灵璧石中的稀缺石种纹石；第二，叩之有声，石质佳；第三，形状逼真，犹如靴子，当然也像脚。

这块"好得多"的石头是我从徐州市一家奇石店里淘到的，当初已经配好底座，我曾故意问店主当啥看，店主说："你看像靴子吧？朝靴，一步登天。"

朝靴，即朝廷官员上朝时穿的靴子。过去，朝廷的官服是统一的，什么官上朝时穿什么样的衣服，那是有严格规定的，是否包括鞋子，我没有仔细考证。民间有这样的歌谣：小儿小儿快着长，长大了当大官，穿皮鞋，噔噔响。

好吧，这块石头的题名就这样了——"朝靴"。

题名：朝靴

石种：灵璧石·纹石

尺寸：19 cm × 12 cm × 6 cm

仙桃石

这种像桃子的石头，通常用"桃""寿桃""蟠桃"等题名，我则以"仙桃石"题名，字面不同，意思却完全一样。

桃，在过去常作为祝寿礼品用之，尤其为长辈祝寿，送礼就送大桃子，这是最合适不过的了。要是在没有桃子的季节，祝寿送什么好呢？方法总是有的，除去送其他礼品外，也可以送上一幅画着桃子的画儿。

我国有不少画家擅长画桃，譬如齐白石就画过不少桃子题材的作品。1980年，人民美术出版社曾出版《齐白石画选》，其中一幅画，由桃子及枝叶构图，款识"赐桃不见许飞琼，须识神仙即我心。愿有尘缘在人世，月明窃听步虚声。白石并旧句"。还有一幅《献果》，画了一只举着桃子的猴子，款识"献果去寻幽洞远，攀萝来撼落花香。白石山翁齐璜"。

2013年12月8日，《中国文化报》刊载一篇署名文章，称在北京某拍卖会上，齐白石作品《花实各三千年》以3000万落槌，加佣金达到了3450万元，创造了齐白石寿桃题材单件作品最高纪录。有人算了一下说，齐白石4个蟠桃卖出了3450万元，相当于一个桃子的价格就超过800万元。

这块"仙桃石"的石纹比较丰富，周遭布满回形纹和流水纹，再加上外形酷似桃子，寓意吉祥。我购买时的价钱，虽然不能和齐白石的寿桃比，但和其他石头比起来，还是蛮贵的。

另外，我在徐州市一家奇石店中曾遇到一位年轻人，他讲老岳父喜欢石头，打算买一块像桃子一样的石头，作为生日礼物送过去。

题名：仙桃石

石种：灵璧石·纹石

尺寸：11 cm × 11 cm × 7 cm

云根石

这块石头题名"云根石"。

云根，指深山高远云起的地方。汉代许慎《说文解字》载："云，山川气也。"唐代李贺《南山田中行》句云："云根苔藓山上石，冷红泣露娇啼色。"

最有名的云根石在安徽省宣城市敬亭山。敬亭山我是去过的，在半山腰还参观了太白独坐楼。太白即唐代诗人李白，他曾多次登临敬亭山，并写下千古名诗《独坐敬亭山》。不过，那天雾气大，行至山顶，我也没有看到云根石。

1986年，由宣城县地方志编纂委员会办公室编印的《宣城古今·宛陵胜迹》载，云根石在敬亭山最高峰，状如枯檄，唐代天宝年间，李白来此登游，见白云从石根而起，遂题"云根"二字于石上，后人依其手迹而镌之。每当山雨欲来之时，山云从石根涌出，继而形成"敬亭烟雨"奇景。又载："抗战前'云根'二字，仍依稀可辨。现经查寻，尚未得见。"

这块题名"云根石"的石头，原主人说是当山峰看，并且已经配好底座，石头置于底座的右边，左边放着一个"渔夫竹筏"小摆件，犹如漓江风光。

我买下这块石头后品赏了许久，决定也当山峰看，但要重新"布局"，即大头朝上，从而形成奇险之势，另一方面还要转移看点，侧重石纹——这块石头以回形纹、流水纹最为显眼，犹如瑞云升腾。

如此一番品赏，看其形赏其纹，于是便联想到了云根石。接下来，又为这块石头重新配制底座，即以椭圆形厚木相托，雕饰竹节花纹。

经过这样的"创作"过程，以"云根石"题名，也算名副其实了。

题名: 云根石

石种: 灵璧石·纹石

尺寸: 8 cm × 20 cm × 5 cm

过云峰

这块石头题名"过云峰"。

查"过云"之意，大概有两层意思，一是指行人在云中穿行，二是指飞过的云。"过云峰"取"过云"第二层意思。"过云"一词也常出现在古诗词中。唐代杜甫《雨四首》云："江雨旧无时，天晴忽散丝。暮秋沾物冷，今日过云迟。"宋代赵善括《鹊桥仙·留题安福刘氏园》句云："过云微雨报清明，半天外、烟娇雾湿。"

2021年1月9日，我在江苏省徐州市一家奇石店看石头，店主说这块石头当"方丈"看，而我看中的却是另一块被店主当"孔子"看的石头，我想先把"孔子"请回家，那一块考虑考虑再说。

此后两天，我一直惦记着那块当"方丈"看的石头，莫非与"方丈"有缘？12日中午我又骑着自行车来到这家奇石店，先是与店主交流了一些赏石界的事情，接着又谈到这块石头，我问："这块石头当山峰看不行吗？"店主说："不行，只能当人物看，当山峰看会让人家笑话。"他表达的意思是，若当山峰看，行家会说你是外行。我指着石头又问店主："这边像人，这边当啥看？"店主说："这边当拐杖看。"其后，我又仔细看了看这块石头的石纹，见上面分布着回形纹、流水纹、蝴蝶纹，唯一缺陷就是石纹太浅，不甚明显。店主说："这块石头是纹石。纹石带洞，价格要命；纹石象形，价值连城。"照此，这块石头既带洞又像人，想廉价得之肯定是不可能了。

不过，我感觉以其"洞"为看点，当山峰观赏，或许更有意境，买回来后，我为之题名"过云峰"。

题名: 过云峰

石种: 灵璧石·纹石

尺寸: 18 cm × 22 cm × 7 cm

纹石篇

石蛋子

　　"石蛋子"这个题名有点俗了，不过我认为此"俗"并非低俗、庸俗，而是通俗。当地石友常常把一些形似拳状、又没有多少看头的石头称之为"石蛋子"。

　　这块石头源于江苏省徐州市一家奇石店，店主说是当"兵马俑头"看的。因为在这家奇石店的不远处就是"徐州汉兵马俑博物馆"，店主肯定见过这里的兵马俑，所以才有这样的联想和题名。这块石头不像其他象形石，一眼就能看出像啥像啥来，譬如像鸟、像鱼等等。说这块石头像人，也是勉强为之，于是就和兵马俑套在了一起。酷似某某的纹石比较少见，而且价格不菲。

　　对这块不怎么象形的石头，我曾思量许久，也没有找到一个合适的名字，后来综合考虑，干脆就叫"石蛋子"吧！

　　"石蛋子"犹如拳头，虽然不像这个，也不像那个，但它的石纹是非常出色的。周遭布满流水纹和褶皱纹。这种较深的褶皱纹，也有石友称之为莲花纹。带莲花纹的磬石，又称莲花磬石，简称莲花磬。这个好听的名字，让莲花磬变成了天价石。还有的石友为莲花磬总结出几个特点来：颜色青润，质地细密，石纹深刻流畅，线条弧线状如莲花，音质悠扬等。

　　我仔细品赏过类似的石头，感觉所谓的莲花纹，就是褶皱纹，如果不是为了标新立异，真没必要再弄出一个莲花纹来。概念宜简不宜繁，概念多了易糊涂，别说外地石友，就是我，面对一些提法也时常摸不着头脑。

　　石蛋子可把玩，即使跌落在地，也不会轻易摔坏。因此，当地石友常说："宁玩石蛋子，不玩石片子。"

题名：石蛋子

石种：灵璧石·纹石

尺寸：9 cm × 11 cm × 8 cm

石来运转

在当地赏石界，除了石友常说的"宁玩石蛋子，不玩石片子"外，还有类似的俗语："会玩的玩蛋，不会玩的玩片。""宁玩圆蛋蛋，不玩扁片片。""宁买圆蛋，不买薄片。"

这块石头形如石蛋子，石面温润，除了具有纹石的主要特征外，还带有一组褶皱纹，其价格适中，总体考量，还算称心，遂以"石来运转"题名。

"石来运转"由"时来运转"谐音而来。

"时来运转"是汉语成语，指时机来临，命运好转，由逆境转为顺境。清代褚人获《隋唐演义》（第八十三回）载："然后渐渐时来运转，建功立业，加官进爵。"

若真能石来运转，那么前提条件应该是得到一块称心的石头才行。不然放在那里，总是感觉心里疙疙瘩瘩，好运也就离你远去了。

另外，作为选石、藏石、赏石经验之谈，当地石友还有一些俗语，也是时常挂在嘴上的。

"宁买一奇石，不买万石俗。""花要鲜艳，石要老；石头无皮，收藏别提。""石看三遍，当机立断；当断不断，后悔别怨。""纹石带洞，价格要命；纹石象形，价值连城。""纹石带洞，价格另定；纹石有形，价值连城。"

纹石，属于灵璧石中的稀缺石种，主要以石纹作为看点，而带洞的、石形好的纹石更是少之又少。俗话说"物以稀为贵"，这样的纹石价格自然也就高上去了。

在灵璧石中，纹石带洞的少，即便是磬石，带洞的也不多。一些经营者为讨个好价钱，往往在上面钻孔打洞，做些手脚。如果不仔细辨别，还真容易上当哩！

石来运转，以石言运，权当找个话题聊聊而已。

题名：石来运转

石种：灵璧石·纹石

尺寸：15 cm × 16 cm × 11 cm

步步高升

这块石头题名"步步高升"。

石友常讲"石缘",确实,人和石相遇是一种缘分。那天我顺便去一家熟悉的奇石店,本来没有买石头的打算,只是想和店主聊聊石头的事,说话间,我偶然在一个不显眼的地方看到一块石头,这块石头尚在配制底座中——石头"卧"在挖好的毛坯底座上。我见石头奇特,便有意问了一句:"这块石头当啥看呢?"店主说:"这块石头是纹石,当'步步高升'看。"

这块石头虽然是纹石,但看点并不在纹上,而是在石形上。一节一节的石头,由下向上呈规则性递增,仔细品赏,还有点"芝麻开花节节高"的意思。店主以"步步高升"题名,寓意吉祥,言简意赅,可谓恰到好处。

我又问:"有音吗?"店主说石质没问题,我拿在手中弹了几下,有音!

宋代杜绾《云林石谱》(上卷)载,灵璧石"扣之,稍有声"。其中"扣"字,释义敲击时同"叩"。

最后我又问这块石头多少钱能拿,他说至少500元。这块石头,他已经品赏透了,要想捡漏是不可能的。俗话讲:"当断不断,后悔别怨。"既然有缘,就不要疼惜钱了。

"步步高升"是汉语成语,形容仕途顺畅,不断得到提升,也形容身价、地位不断提高。清末吴趼人《二十年目睹之怪现状》(第八十八回)载小说人物解芬臣之语:"大人的事,卑职那有个不尽心之理。并且事成之后,大人步步高升,扶摇直上,还望大人栽培呢。"

另外,还有常见贺语"祝愿你鸿图大展,步步高升"。如果能够成为现实,对我来说,"石来运转"与"步步高升"倒是有点因果关系哩!

题名：步步高升

石种：灵璧石·纹石

尺寸：12 cm × 18 cm × 7 cm

无铭砚山

"砚山"在古代写作"研山","砚"同"研"。研山集实用、观赏于一体，既可以归为砚台范畴，也可以纳入奇石行列。

宋代米芾善书能画，砚台是必备的文房用具，可米芾又痴迷石头，因此兼具实用性与观赏性的研山，便成了他刻意追求的宝物。

明代林有麟《素园石谱》（卷之一）载，米芾所藏"宝晋斋研山""海岳庵研山"两石，其中宝晋斋研山，原为南唐所藏，后为"道祖"易去，又入彭公，不得再见。米芾曾赋诗云："研山不复见，哦诗徒叹息。惟有玉蟾蜍，向余频泪滴。"

"宝晋斋"为米芾早期斋号，因此，这一研山被称为"宝晋斋研山"。

《素园石谱》（卷之一）又载："南唐李后主有研山，广不盈尺，前耸三十六峰，左右引两阜陂陀，而中凿为研。及李归宋，遂流转人间，后为米元章所得。米归丹阳卜宅，时苏仲容有甘露寺下一古基，群木丛秀，晋唐名士多居之。米既欲得宅，而苏觊得研，于是王彦昭侍郎兄弟共为之和会，苏米竟相易，米后称海岳庵是也。"

相传米芾《研山铭》即为"海岳庵研山"题写。其铭文云："五色水，浮昆仑。潭在顶，出黑云。挂龙怪，烁电痕。下震霆，泽厚坤。极变化，阖道门。宝晋山前轩书。"

"无铭砚山"即仿古人所制。我初见这块石头时，见"山顶"有平坦之处，恰好可凿池为砚，遂买了下来，尔后又在徐州市一家奇石店配制底座并嘱托店主做成现在这个模样。

这块石头除去"山顶"上的"墨池"为人工开凿外，其他地方均不假雕琢，浑然天成。若将"无铭砚山"和"海岳庵研山"相比较，我认为两者各有千秋：前者峰少，但不乏巍峨险峻之气势；后者多峰，但无纹石之特色。

题名：无铭砚山

石种：灵璧石·纹石

尺寸：17 cm × 9 cm × 10 cm

珍珠石篇

灵璧珍珠石，简称珍珠石。其石面分布着许多形似珍珠的藻类化石，这些"珍珠"凸于石面且有大小之别，有圆的，也有椭圆形的，有的"珍珠"连成一体，组合成若干种图案。珍珠石的观赏价值即在于此。

珍珠石篇

花满枝头

这是一块珍珠石，题名"花满枝头"。

关于"珍珠"的生成，我在翻阅1998年海洋出版社出版的《神奇的化石世界》时，偶然看到一种叫做轮藻化石的图谱，主要包括以下三种：一、孔轮藻，属轮藻目，左旋；二、直立轮藻，属直立目；三、右旋轮藻，属右旋目，右旋。恰好我前两天又买到两块带"珍珠"的石头，在清理过程中，我已经注意到"珍珠"呈涡轮状，于是便将轮藻化石的图谱和石头上的"珍珠"相对比，果然对上号了。

当地奇石店中的珍珠石，可以说百分之百都经过"美容"，用行话说是"提提'珠子'"，也就是将"珍珠"用细砂纸抛光，再上上蜡，经过这样处理，"珍珠"就变得乌黑光亮了。显然，那轮藻化石的"涡轮"也就不复存在了。

题名"花满枝头"的这块石头，是我从江苏省徐州市一家奇石店购买的，价格不菲。问店主当啥看时，店主说没有名字，只是感觉上面的珠子非常多，石质也好，叩之有音。

灵璧石以"形、质、色、纹、韵"俱存者为佳品。"质"即石质，在磬石、纹石、珍珠石中可以用"有音没音"来衡量，石质好的肯定有音。一般要找石头边缘稍薄的部位，用手指弹一弹，或用硬币敲击一下，有音者，即可断定石质没有问题。当然对石蛋子，或较厚的石头而言，采用"叩之，听音"的办法是无法验证的。

另外，在磬石、纹石、珍珠石中也不乏没音的石头，当地石友常用"哑石"或"臭石"称之。有的石友认为，臭石以形取胜者也"管玩"。还有特例的，即石形不错，也有音，但石面附着的石粉，无论如何也清理不干净，石友言其为"臭底子"。这样的石头，无论形状再好，也不足玩赏。

题名：花满枝头

石种：灵璧石·珍珠石

尺寸：23 cm × 16 cm × 5 cm

菩提圣树

　　"菩提本无树，明镜亦非台。佛性常清静，何处惹尘埃。"我受唐代高僧慧能《菩提偈》的影响，还真以为世间没有菩提树哩！后来翻阅资料，又见一首偈语："身是菩提树，心如明镜台。时时勤拂拭，莫使有尘埃。"原来是有菩提树的。

　　菩提树亦称筚钵罗树。相传释迦牟尼在筚钵罗树下证得菩提（觉悟），故将这种树称为菩提树。因此，该树也常被佛教徒尊为圣树。又传南朝梁时僧人智药从天竺移植中国，多产广东省境。2014年10月30日，我在海南省三亚市天涯海角景区游览时，看到一颗菩提树，由"时任全国政协主席李瑞环植于1997年1月14日"。

　　其后，我偶然得到这块珍珠石，经过一番品赏，最终确定当菩提树看，因此题名"菩提圣树"。类似石形，亦可题名"摇钱树"。

　　珍珠石属于灵璧石中的稀缺品种。当初，这种石头并没有引起石友的关注，一是量少，再就是象形的比较少，也就是说，就外形而言，大多没有看头。2003年，中国财政经济出版社出版的《中国灵璧石谱》称，这种石头为"黑色马勃灵璧石"，还解释说，马勃是一种食用菌，有一种黑马勃的品种和这个石种接近，故名。

　　后来有些石友从"珍珠"上品出了图形，或龙，或凤，或人物，或文字，等等。从此，珍珠石的身价就上来了，并一跃成为灵璧石大家族中的宠儿。

　　灵璧石中的珍珠石主要产自安徽省灵璧县渔沟镇陶寨村、白马村一带。

　　类似的珍珠石，还有纹石，在陕西省铜川市印台区陈炉镇也有分布，铜川赏石界将其统称为"陈炉石"。这类"陈炉石"通常以"图纹"为看点，石出山区土中，叩之有磬声。我认为陈炉石与灵璧珍珠石、纹石，应该是相同地质年代生成的，属于不同区域的同一类石头。

题名: 菩提圣树

石种: 灵璧石·珍珠石

尺寸: 12 cm × 16 cm × 5 cm

珍珠石篇

一品麒麟

那天，一位石友约我到他家去看石头，其中就有这一块。我看石形一般，既不像山，也不像人，也不像鸟什么的，便以此为借口，试探地问了一句："出多少钱可以转让？"这位石友玩石近20年，当然比我内行。他说这块贵，石面上的"珠子"像麒麟，又说不想卖，留着自己玩。我知道，这块石头已经没有还价的余地了，随他去吧！他说多少钱就是多少钱，最终我按照他的出价，将这块石头变成我的宝物。

"一品麒麟"的题名是我选定的。"一品"，说明这块石头没有可挑剔的，而由"珍珠"组成的图案，又极其逼真——太像麒麟了。麒麟是传说中的瑞兽，在民间还有"麒麟送子"之说。

在一些奇石店中，也许是因为石头太多的缘故，店主一般是不题名的，他感觉这块石头好看，就配个底座把石头摆在店内待售，你问他像啥，他通常笼统地告诉你"这块像人""那块像山"，仅此而已。

珍珠石主要以图案为看点，但这种图案犹如浮雕，是凸出石面的，因此它和其他名之为图案石的石头还是有区别的。

在当地市场上，品相好的珍珠石、纹石的价格相对较高。正是由于价格的刺激，珍珠石、纹石造假的也就多了起来。有的用水泥或树脂补植"珍珠"，有的用人工造纹。假设说这块石头上的麒麟不够完美，少头缺尾，造假者往往在相关部位补上人造"珍珠"，使麒麟更加逼真。如此炮制，也有明说的，称这是"工艺珍珠石"。总之，越是太像的，越要留心细看。倘若打眼，那就当作工艺石欣赏吧！

还有一种集珍珠石和纹石于一体的石头，被石友称作"珍珠纹石"，这种石头非常少见，品相好的，价格也就很高很高。

题名：一品麒麟

石种：灵璧石·珍珠石

尺寸：18 cm × 18 cm × 6 cm

珍珠石篇

祥瑞蝙蝠

这块石头题名"祥瑞蝙蝠"。

"蝠""福"谐音。常见的民间《双福》吉祥图案，由两个蝙蝠组成，而《五福捧寿》《翘盼福音》等图案，更是少不了蝙蝠。蝙蝠，就是这样一个长相非常丑陋的家伙，经过历代如此联想和传承，竟然成了吉祥瑞兽，你说怪不怪？

这块石头之所以题名"祥瑞蝙蝠"，就是因为上面的"珍珠"恰好组成了一个蝙蝠的图案。

那天，我在江苏省徐州市一处古玩市场的地摊上看到这块石头，便驻足蹲了下来。摊主说：这块石头其形尚可，石质也不错，上面有些斧劈纹。但我最看重的却是上面的"珍珠"，虽然不多也不大，但毕竟有"珍珠"啊！摊主开价不高，稍微还价便买了下来。

这块石头虽然做过清理，但还不到位，回到家后，我又经过一番刷洗，石底比以前清润多了，但由"珍珠"组成的图案仍然看不出个一二三来。其后，我将这块石头置于案头，一有空闲，便用手把玩，犹如盘玉一般，但重点还是放在"珍珠"图案上，看看究竟是个啥？经过几天盘摸，图案渐渐明晰起来，原来是只蝙蝠，真是喜出望外！我让暂居我处的老母亲看，她毫不犹豫地说："这是燕模虎，你看这眼，多像燕模虎。"在我家乡，蝙蝠俗称燕模虎。

赏石贵在发现，赏石的最大快乐就是有所发现，发现别人没有发现的美，这个过程，非爱石者体验不到。

倘若那位摊主早先看出这个图案像个蝙蝠，那价格就贵了去了。

这块石头归我，石缘、福缘都有。

题名：祥瑞蝙蝠

石种：灵璧石·珍珠石

尺寸：9 cm × 18 cm × 5 cm

壶天福地

　　那些挖掘出来没有看头的石头，统统被石友称作"垃圾石"。在一些地方被抛弃的垃圾石举目皆是。可见，要得到一块上乘的灵璧石，机遇、眼力非常重要。得者，说明有石缘。

　　"壶天福地"这块石头源于江苏省徐州市一处花鸟市场。当初是不想买的，因为猛一看，其形不顺眼，"珍珠"又不大，也没有多少，就那么一小片，无论怎么看，也看不出像个啥图案来。诚然，在买石的过程中，不可能细细品赏，第一印象不行，往往就不想要了。好在摊主要价不高，看在珍珠石的份上，还是买了下来。

　　此后品赏这块石头，确实让我费了不少脑筋。曾经后悔过，认为不该买。虽然是珍珠石，但没有看头，到了这份上，也就无心再品赏了，遂把它放在了一个角落里。过了一段时间，我又将这块石头试着摆放了几个角度，竟然看到了亮点，这不是一个壶的造型吗！原先总是琢磨"珍珠"是什么图案，现在把观赏的重点放在石形上，于是就有了新发现。高兴之余，又想起宋代陆游的一句诗来："山重水复疑无路，柳暗花明又一村。"

　　赏石就是这样，一些有经验的石友总是说：到手的石头，不要轻易扔掉，也许过了一些天，再看就不一样了。

　　这块石头既然像壶，于是就有了"壶天福地"这一题名。

　　"壶天"即道教所指的名山胜境。晋代王嘉《拾遗记》载，海中有三山，其形如壶，曰方壶、蓬壶、瀛壶。清嘉庆时，山东泰安知府完颜廷鏴曾为泰山壶天阁撰联云："登此山一半，已是壶天；造极顶千重，尚多福地。"

　　题名"壶天福地"，权当借此讨口彩了。

题名：壶天福地

石种：灵璧石·珍珠石

尺寸：23 cm × 18 cm × 9 cm

珍珠石篇

镇宅宝刀

这块石头题名"镇宅宝刀"。

为了交流或叙述上的方便，灵璧石的分类还可以抛开石种分为象形石、山形石。就象形石而言，有的石友给我讲："至少要有五分像才行，你说这块像牛，起码头尾像；有些像鸟的石头能达到八分像，如果少于五分，向上硬扯，就不行了。"

按照上述分类，这块题名"镇宅宝刀"的石头就属于象形石。不过，即使同一块石头，有时候看点或题名不同，也可能归属到不同的类别中去。

关于象形石，又有人细分为具象、意象、抽象三类。具象就是非常像，这样的石头比较少；意象，就是有点像，这样的石头则比较多；抽象，就是猛一看什么都不像，但通过题名和他人引导，才能看出个大概模样来，这好似看抽象画一样，普通人有难度，欣赏不了。

我在江苏省徐州市一些奇石店中也见到过几块类似"宝刀"的石头，通常都是横着放，底座做成刀架形状，有的还配上木制"刀把"，并系上红绸子，那样就更加直观和形象了。

珍珠石，石形一般呈片状的比较多，即使片状，譬如题名"镇宅宝刀"的这块石头，其厚度也是可观的，这和石友所嫌弃的"石片子"不是一个概念。珍珠石上的"珍珠"，通常分布在一面，而另一面则为"石根"。石根是一个形象的说法，即石在土中朝下的这一面，也即背面，其上附着一些很难除掉的"渍土"，当地石友在清理灵璧石时，通常要适当保留渍土，以此证明"这是灵璧石，灵璧石出自土中"。

宋代杜绾《云林石谱》（上卷）载，灵璧石"石底渍土有不能尽去者，度其顿放，即为向背。石在土中，随其大小，具体而生"。

题名: 镇宅宝刀

石种: 灵璧石·珍珠石

尺寸: 8 cm × 22 cm × 6 cm

白凌石篇

白凌石，以"凌"为看点。这类灵璧石在发现之初即以白凌石称之，后来则习惯于称之为"白灵璧石"或"白灵璧"，也有称其为"白灵石"或"白灵"的。"白灵"可能由"白凌"讹传而来。

傲　骨

最初，这种石头在当地被石友称作"白凌石"或"白凌灵璧石"。后来则习惯于称之为"白灵璧石"或"白灵璧"，也有称其为"白灵石"或"白灵"的。

将其称之为"白灵石"或"白灵"，如果从字面上理解，无论如何也是说不通的。"灵"字本身与石头质地、色彩是没有任何关系的。"灵"若作为安徽省灵璧县的简称也是不合常规的。经过反复思考和对比，我才明白——"灵""凌"谐音，"白灵"可能由"白凌"讹传而来。

白凌石，"凌"为其看点，以洁白如雪、温润似玉者为佳。除此之外，还有少量变种，譬如"凌"呈淡黄色的则俗称黄凌石。

先前，我曾浏览过梅花题材的绘画作品，见款识中有题"傲骨"二字的，而这块白凌石，其形状犹如一棵古梅，不畏严寒，迎雪绽放。我仿画家之意，亦以"傲骨"名之。

"傲骨"指高傲不屈的性格。傲骨者，通常以梅为寄情之物。

清代书画家郑板桥曾撰联云："虚心竹有低头叶，傲骨梅无仰面花。"

现代画家徐悲鸿亦曾言："人不可有傲气，但不可无傲骨。"

说到傲骨，我还想起一个人物，其事例堪称傲骨典范，值得一记。这个人物就是袁寒云。2012年，上海书画出版社出版的《安持人物琐忆·袁寒云轶事》载："渠更有一特长，虽穷了，后难免常收徒，取赞敬以自给（他们专门名称曰'押帖'），但从不再有巧立名目，如做寿等等以敲竹杠。穷了即卖古物，亦从不向友人弟妹等借贷，傲骨可敬也。"

《安持人物琐忆》的作者是现代篆刻家陈巨来。

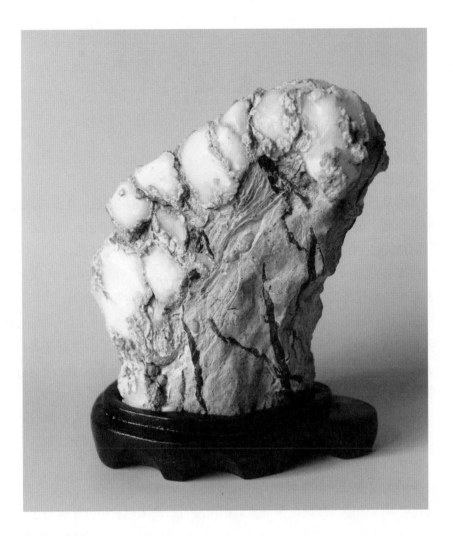

题名：傲骨

石种：灵璧石·白凌石

尺寸：9 cm × 11 cm × 4 cm

雪 莲

这块白凌石，"凌"不大，白中泛红，犹如含苞欲放的雪莲，圣洁、清心，因此题名"雪莲"。

雪莲是一种多年生草本植物，叶子长椭圆形，花深红色，生长在新疆、青海、西藏、云南等地高山中。清代纪晓岚《阅微草堂笔记》（卷三）载："塞外有雪莲，生崇山积雪中，状如今之洋菊，名以莲耳。"

白凌石主要分布于安徽省灵璧县朝阳镇独堆村一带。2012年11月29日，我去独堆村访石，看见一些农户的门外放置着不少白凌石。

现在的白凌石，大多是采石场在开山过程中采掘出来的副产品，若作为奇石销售，通常要以突出"白凌"为前提进行适当加工。更有甚者，将不成形的白凌石，用人工雕凿成山形，然后用盐酸腐蚀，经过一些时日，也能造出一块貌似原石且有一定观赏价值的白凌石来。

我认为，经过深加工的白凌石，虽然看着好看，但已经失去原石之形态，将其归入到工艺石或工艺品的范畴，也许更能体现它的固有价值。

现在白凌石的资源已经很少。听当地一位石友说，呈单体分布且极具观赏价值的白凌石，早年可以从庄稼地里捡到，或从浅土层中挖出。不过，现在已经基本绝迹。因此，形好凌好的白凌石，越来越显得弥足珍贵了。

另外，与白凌石类似的还有马牙石，其看点也是集中在白色晶体上。大的马牙石和白凌石比较，很容易分开，而细密的马牙石则常被充作白凌石销售。其实，当地的马牙石也是灵璧石的一个品种，之所以被冒充白凌石，是因为马牙石的名气没有白凌石高，以白凌石售卖容易出手，或许还能卖个好价钱哩！

题名: 雪莲

石种: 灵璧石·白凌石

尺寸: 9 cm × 11 cm × 5 cm

玉山璞

这块石头题名"玉山璞"。

这天惠风和畅，柳树吐绿，杨巴狗也一个一个的悬挂在树杈上了。我闲暇无事，便将这块石头放置在案头，正襟危坐，静思半天，适得"玉山璞"名。如将其分开释义，则是这样的："玉"，凌白如玉；"山"，其形似山；"璞"，含玉的石头或未经雕琢过的玉石。

2005年，西泠印社出版社出版的《观奇石·赏名画》中，收录了一块由"王时敏铭，顾德辉旧藏"的灵璧石，也以"玉山璞"名之。不过，这是一块磬石，其名称的来历和我这块"玉山璞"也有本质区别。

顾德辉为元代名士，年四十卜筑玉山草堂，著有《玉山璞稿》。王时敏则是明末清初画家，这块灵璧石辗转传到王时敏手中时，想必他如获至宝，遂作铭文记之。

关于给石头题名之事，我曾听一位老年石友说过："你说它像山，哪是峰哪是峦？这个要说清，不然你就不能叫它山。你得找出出处来，像啥，需要有依据。"听别人介绍，这位老年石友玩石年久，家中存了不少石头。

不过，有的时候给石头题名，也可以参照写意画。写意画的元素，来源于现实，呈现的却是画家心中的物象，和现实并不完全一样，用唐代画家张璪的话说，这就是"外师造化，中得心源"。一些石头，犹如写意画，不求形似，但求神韵。所题之名，能给观赏者提供一条审美线索，让人家自己去想象，这样的题名也是很不错的。

题名: 玉山璞

石种: 灵璧石·白凌石

尺寸: 13 cm × 13 cm × 7 cm

小雪山

这块石头源于安徽省灵璧县渔沟镇一家奇石店，当时店主已经为这块石头配好底座，档次较高，是雕花的。

我问店主多少钱卖，店主说是原石，又是雕花底座。其实，店主言外之意，就是让我知道不会太便宜。不过，他说的价钱，我还是能够接受的。我又问"当啥看"？店主说"当山看，像富士山"。

他说的富士山是日本的，后来我为它改了名字，题名"小雪山"。

为白凌石题名，通常要在"凌"上寻找思路。首先会想到雪，一些石友常用的题名有"瑞雪兆丰年""飞雪迎春""春到雪山""春影残雪""灵岩积雪""秀峰飞雪""阳春白雪""孤山雪韵"等。

再就是联想到梅，梅花傲雪，白梅似雪，常见的题名有"踏雪寻梅""梅雪争春""峭壁梅影""梅花三弄""一剪梅"等。

清理白凌石，通常要依据"凌"的形状，将外围的底子切掉一些，然后用盐酸去污，此乃去粗存精，凸显白凌。为增加白凌石的观赏性和层次感，一些石友喜欢用红胶泥或土红色颜料，对"凌"周边的"石疙瘩"涂抹着色，这样可以拉大"凌"与周边的对比度，使"雪"或"梅"的轮廓更加突出和明了。

中国的雪山很多，特别是西藏的雪山，大都视为神的化身，可望而不可及。

这块题名"小雪山"的白凌石，不是神山，但可以视为"圣境"，让思绪萦绕其中。

题名：小雪山

石种：灵璧石·白凌石

尺寸：15 cm × 8 cm × 7 cm

群峰竞秀

此"群峰"由八块白凌石组合而成，一石一峰，故题名"群峰竞秀"。

这样的小石头，在赏石界称为寸石。对寸石的陈列，往往通过组合，形成一个主题，然后集中在博古架上。这种组合犹如集邮，非常有趣。先确定一个主题，然后留心搜罗与主题相符且块头差不多大的石头，或许一年半载就能集齐。

我集的这组白凌石的主题，就是"群峰竞秀"。选用同一石种，而且都是差不多大的山形石。我找这些石头，大概用了一年时间，有从奇石店买来的，也有从地摊上淘到的。然后统一配制底座，再购置博古架，将其上架摆放。至此，这一主题才算大功告成。

2021年1月12日，我去江苏省徐州市一家奇石店，见店里有小块的白凌石出售，店主看我对白凌石感兴趣，当即向我建议：这种小石头搜集八块，可以集中放在一个博古架上。其实我早就这样做了。不过，这倒有点不谋而合哩！

白凌石上的"凌"通常附着在其他岩石上，也有被其他岩石包裹着的，这些岩石被石友称作白凌石的底子，常见的底子有烟灰色和黑色两种。

2003年，中国财政经济出版社出版的《中国灵璧石谱》，把不同底子的白凌石分为若干类：雪山白灰地灵璧石、雪山白乱纹灵璧石、雪山白黑磬灵璧石等等。根据"凌"的形状及质地，再一次将白凌石进行分类，弄出许许多多的名称来，譬如雪山白大凌灵璧石、雪山白胭脂红灵璧石、雪山白晶莹灵璧石等等。

按照这样的"规则"进行分类，说灵璧石有"52大类464品石"，甚至更多，我真心信服！不过，我也疑惑，如此分类是不是太繁琐了？

题名：群峰竞秀

石种：灵璧石·白凌石

尺寸：6 cm × 5 cm × 3 cm

6 cm × 5 cm × 4 cm / 5 cm × 9 cm × 3 cm

5 cm × 7 cm × 4 cm

4 cm × 7 cm × 2 cm

3 cm × 8 cm × 4 cm / 6 cm × 8 cm × 3 cm / 5 cm × 7 cm × 3 cm

杂石篇

拜石家萍画上老人

在灵璧石产区，除去具有代表性的磬石、纹石、珍珠石、白凌石之外，还有数量可观的其他石类，这些石类的名称大多约定俗成，譬如莲花石、千层岩、图案石、吕梁石、彩石、皖螺石等等。在此删繁就简，统称杂石。

杂石篇

逸 云

2012年6月22日，我去安徽省宿州市埇桥区解集乡访石，在一家奇石店里见过一块白色的灵璧石，当时感觉很新奇，便问店主这是什么石头，店主告诉我："这是灵璧汉玉。"我想"汉玉"应该是"汉白玉"的简称，而汉白玉又是纯白色大理石的雅称。

后来，我又到江苏省徐州市一位石友的灵璧石库房里看石头，选了几块磬石，又看上了一块白石头，便问石友多少钱能拿走。石友说："这块就算了吧！好几个老板都看上它了，这个贵。"他又补充说："这是白马石，非常少见，你看这石头，多像以前电影里的北京猿人。"几天后，我还是惦记着那块白石头，便打电话问这位石友："多少钱能拿？"石友说了个大概数，并约定第二天让我上门取石头。

第二天我如约而至。我问石友："为啥叫白马石？是灵璧白马村的石头吗？"白马村是安徽省灵璧县的一个村庄，此地距离灵璧石中心产地磬云山不远，以纹石著称。这位石友告诉我："这块石头是在白马村附近的一个石坑里挖出来的，石坑不大，就这一个石坑里挖出过这种石头，石质非常好，都玉化了。"当地石友通常将硬度高、石面温润且光洁度较高的石头说成"玉化"。这位石友接着说："这种石头能成形的只有千分之一，多数都没有看头。"既然这样，这块酷似"北京猿人"的白马石就显得弥足珍贵了。

实际上他说的白马石的概念并不规范，这种石头产地分散，并不局限于白马一带，而白马石有它固有的含义，通常指当地的纹石，亦称白马纹石，像"北京猿人"这样的白石头，就是解集那位店主所说的"灵璧汉玉"。

2020年8月，我将这块石头题名"逸云"——犹如一朵白云，冉冉升起。

题名：逸云

石种：灵璧石·杂石（灵璧汉玉）

尺寸：15 cm × 21 cm × 7 cm

杂石篇

绘月石

这块石头题名"绘月石"。

像"绘月石"这类石头，在灵璧石产区俗称架子石。架子石属于太湖石类。灵璧石产区内的太湖石，亦称灵璧架子石，或架子灵璧石。其石质多样，特点就是洞多，呈弹窝状。

2012年6月22日，我去安徽省宿州市埇桥区解集乡访石，在韩山口村，我来到一农户家里选购石头，看到十几块架子石，个头不大，石形一般，为了不让主人扫兴，我勉强选了一块。随后，又去另一家中看石头。这家主人业余挖石，一年下来，收入和外出打工相差不多。我见主人言谈随和，就把刚刚选购的那块架子石拿给他看，想进一步了解架子石的相关资讯。主人说："这种石头在村外的山根下很多，有时一个坑内都是这种石头，形状普遍小，卖不上价，不够工夫钱，现在没人挖，都挖大的。"

我把这次买到的架子石带回家后，先用清水浸泡，再用毛刷反复刷洗，直到显露石色、石面干净为止。不过日后品赏，越看越没有石趣，只好扔掉了事。

这块"绘月石"源于江苏省徐州市一家奇石店，当初并没有清理，也没有配制底座，更没有题名。我故意问店主："这是太湖石吧？"他说："我店里都是灵璧石，没有太湖石。"又说："这些石头刚从灵璧运来。"

在北京市中山公园内有一块太湖石，其上题刻清乾隆御笔"绘月"二字。我这块石头的题名即由此而来。

其实，以太湖石命名的石头，并不局限于江苏太湖地区，浙江、安徽、山东、北京、河北等地均有分布。

题名：绘月石

石种：灵璧石·杂石（架子石）

尺寸：15 cm × 21 cm × 6 cm

小金山

在灵璧石产区，还有一种筋石。筋石通常以"筋"为看点，其筋，实际上就是一种细晶岩脉。筋呈淡黄色的，又名黄筋石。

这块石头就属于黄筋石，其筋布满石面，"筋""金"谐音，谓之储金之石，遂题名"小金山"。

当初我在一位石友家见到这块石头，感觉非常惊讶，因为它和我以前见到的普通概念上的灵璧石差别太大，心中还存有疑惑：这是不是灵璧石？石友讲：这是在本地一处灵璧石市场买进的，当初上面布满石粉，隐隐约约有些石筋，因外观不抢眼，所以也就没人关注这块石头，他回到家后，用盐酸一浇，再用清水一冲，这才显出黄筋来。我问石友可否转让，他说："只要你看上，就拿走！"当然不可能白拿，要付钱的。

后来，我拿着这块石头去一家奇石店配制底座时曾给店主讲："这块石头少见。"谁知店主说了一句："这是筋石，不少见。"

黄筋石亦称"灵璧黄筋石"，或称"黄筋灵璧石"。2003年，中国财政经济出版社出版的《中国灵璧石谱》，按照"筋"的形态，将筋石细化为若干类，其中包括"黄筋网纹灵璧石""黄筋断纹灵璧石""黄筋平纹灵璧石""黄筋银绛纹灵璧石""筋银褐纹灵璧石""黄筋块纹灵璧石""黄筋片纹灵璧石""黄筋索纹灵璧石""黄筋参须纹灵璧石""黄筋连纹灵璧石""黄筋杂纹灵璧石""黄筋异纹灵璧石"等等。这种分类法，真把我弄得晕头转向了。

2012年11月29日，我去灵璧石产区访石，在安徽省灵璧县九顶山南麓的田埂上，就发现了好几块黄筋石，石面上裹满石筋，当时我非常惊喜，总算找到黄筋石的老窝了。

题名：小金山

石种：灵璧石·杂石（筋石）

尺寸：21 cm × 12 cm × 7 cm

虎头山

这块题名"虎头山"的石头，属于灵璧石中的莲花石。莲花石因石纹褶皱犹如莲花瓣而得名。2003年，中国财政经济出版社出版的《中国灵璧石谱》，曾将这种石头的"纹理"与黄山莲花峰作比较，故而得名"莲花峰灵璧石"。

在灵璧石产区，莲花石主要分布在安徽省宿州市埇桥区解集乡、褚兰镇以及江苏省徐州市铜山区伊庄镇一带。稍远一点的地方，譬如徐州市贾汪区，也分布着数量可观的莲花石。

莲花石大多呈青灰色或灰白色。灰白色的莲花石，亦称灵璧灰纹石。一些看似莲花的石瓣，犹如个体"粘结"在上面，时间长了，很容易脱落下来。如果稍微受点外力作用，就更容易脱落了。我曾在一家奇石店购买到一块酷似莲花的莲花石，随后用报纸简单包裹了一下，将其放在自行车前篮中，等我回家取出一看，原来分布均匀的石瓣，竟然被震下一瓣来。此时，我的心情骤然变得沮丧起来。

莲花石通常以形取胜，其看点主要集中在石瓣及纵横交错的石纹上。不过，在徐州赏石界，石友还是不太看重莲花石的。这种石头即使清理干净了，经过一段时间的风化，石面还会生出一层石粉来。

另外，还有一种被当地石友称为"莲花磬石"的石头，它和莲花石不是一个概念。

这块石头在购买之时，店主说像个小老虎，他是当象形石看的，我则当山形石看，并题名"虎头山"。

题名：虎头山

石种：灵璧石·杂石（莲花石）

尺寸：22 cm × 13 cm × 8 cm

帽檐石

这块石头题名"帽檐石"。

当地石友将这类石头称作火疙瘩灵璧石，其中赭黄色岩石像铁一样坚硬，用钢丝刷清理时能够冒出火星。"火疙瘩"指的就是类似质地的岩石。这种岩石通常以石疙瘩的形状出现，也有块状、片状、连体蜂窝状的。这块题名"帽檐石"的火疙瘩为片状。火疙瘩常常和其他岩石伴生在一起，其看点主要集中在火疙瘩上。也就是说，火疙瘩是主角，它所附着的岩石，尽管块头比它大，也只能作为配角看。

火疙瘩灵璧石主要产于安徽省宿州市埇桥区解集乡、褚兰镇及江苏省徐州市铜山区房村镇郭集村这一带。

"帽檐石"即源于郭集村附近的一个自然村——前唐山。

2012年9月15日，我去前唐山访石，在一家农户的大门外，看见堆积着许多形状怪异的石头，便驻足品鉴起来，不经意间，发现了这块石头。在我刚刚捡起来观赏之时，主人出来了，当然是不能白拿走的，主人要价30元，我则以20元还价成交。

"帽檐石"的题名，看似简单，实则费了一番心思。起初，我把黑色的主体岩石当做看点，把火疙瘩这头放在下端，题名"飞来石"。这样的定位，则以"埋没"火疙瘩为前提，有些不妥。后来配底座时，我征求石友意见，石友说："这种石头主要看它的火疙瘩，这样放合适。"我欣然同意，让火疙瘩这头朝上，题名也随之改为"避雨岩"。经过综合考虑，后来又改变思路，题名"帽檐石"。

火疙瘩灵璧石，其状大多以怪异取胜，当地人亦把这种石头称作怪石。

题名：帽檐石

石种：灵璧石·杂石（火疙瘩灵璧石）

尺寸：12 cm × 7 cm × 7 cm

宝塔山

这块石头因形似宝塔，故题名"宝塔山"。

这块石头属于千层岩。在灵璧石产区，关于千层岩的界定，石友们有自己"狭窄"的标准，他们认为只有像"宝塔山"这类形状的石头，才能称之为千层岩。2003年，中国财政经济出版社出版的《中国灵璧石谱》，还把"塔"形千层岩单列成一类，取名"塔婆灵璧石"。亦有石友称其为"灵璧塔形石"。

千层岩亦名千层石，当地石友更习惯使用"千层岩"这一名称。它是由两种不同性质的岩层叠加而成的，由于两者岩性存在一定的差异，造就了不同的溶蚀情况，从而形成层理清晰、条带凹凸分明的奇特造型。

其实，千层岩在其他地区也有分布，将千层岩归入灵璧石的范畴，也仅限于灵璧石产区。

从外观上看，千层岩中有光滑润泽的层面，亦有呈现嶙峋状的层面，这些岩层有规律地组合在一起，从而形成千层岩。其中光滑的那层，外表有很薄的风化层，经过清水浸泡，用钢丝刷清理，很快就能露出青色润泽的石面来，继续刷洗，石面会变成黑色。

呈现黄色嶙峋状的那个层面凸显在外，用水浸泡后，变得异常松软，如过度刷洗，石层的嶙峋之美就不复存在了。因此，在刷洗千层岩时，要考虑到它的石质及结构特点，保证千层岩的天然形状不被损坏。

"宝塔山"来自江苏省徐州市一处古玩市场，当时我故意问摊主："这是灵璧石吗?"摊主肯定地回答"是灵璧石"。我又用手指弹了弹石头，继续发问道："灵璧石有音，这块石头没有音。"摊主解惑说："灵璧石，有的听音，有的看形，这块石头造型好，像个塔。"其实我知道，灵璧磬石才有音，千层岩是没有音的。

题名：宝塔山

石种：灵璧石·杂石（千层岩）

尺寸：13 cm × 16 cm × 9 cm

翠屏山

这块石头由一层一层的岩片叠加而成，层岩或薄或厚，构成山峦之势。

"山不在高，有仙则名"。通常有洞的山，才能吸引仙人。庐山仙人洞就属于这种情况。

这块石头的一个看点，恰好也在一个"小山洞"上。这个小山洞隐蔽在岩层之间，不仔细看是看不出来的。我想，仙人修道，多远离世俗，或许在这个小山洞中，也住着一位仙人哩！

一块石头，恰似名山胜境，它能勾起你的想象力，使你在这样的意境中得到审美的愉悦感，这样的石头就是好石头。

这块石头题名"翠屏山"，说到"翠"字则无需赘言，石正面泛青，犹如层岩叠翠，神游其中，仿佛能入曲径通幽之境地。

这块石头源于江苏省徐州市一家奇石店。店主说以前藏石主要用来玩赏，属于业余爱好，后来所在的工厂倒闭了，才开起奇石店来。店主自嘲道："原先是业余，现在是专业。"他说的专业，就是专业经营灵璧石，以此作为生活来源。记得当时购买这块石头时，店主肯定地说过："这是千层岩，是灵璧石。"

后来我将这块石头拿给另一位石友看，他说这是灵璧石，但不叫千层岩。可以看出，即使当地石友，对同一块石头的界定也是有争议的，甚至对灵璧石的分类，在概念上也是含糊不清的。

其实，这块石头的主要特征就是"由一层一层的岩片叠加而成"的，由此足以判定"翠屏山"就是灵璧石中的千层岩。

题名：翠屏山

石种：灵璧石·杂石（千层岩）

尺寸：17 cm × 9 cm × 6 cm

小峡谷

这块题名"小峡谷"的石头，在当地亦称"宝里石"。宝里是安徽省宿州市埇桥区褚兰镇辖内的一个小村庄。

最初我是在埇桥区解集乡一家奇石店中看到这种石头的，当时感觉形状很奇特，便问店主这是什么石头。店主说："这是宝里石，产自宝里村，就在一个小石坑中挖出过这种石头，非常少见。"这家奇石店中的宝里石，也仅存几块，其中三块还没有来得及配底座。我问这三块的价格，店主说："这三块形状差不多，准备用一个底座组合在一起，自己留着，不想卖，也不拆开卖，你要买，最低500元。"我这次主要是调研灵璧石的分布情况，并没有打算买石头，因此所带钱款非常有限。我对店主说："这次不拿了，等一段时间我再来。"

2012年10月16日，我又去了一趟解集，将这三块宝里石买了回来，其中一块题名"小峡谷"，另外两块以"对石"组合。

后来我去配制底座，这家店主经营灵璧石20多年，说从来还没有见过这种石头，他好奇地将石头拿到店外，在院内和其他石头比对了一番，最后确定是千层岩一类的石头。

说来也巧，2014年3月22日，我去江苏省徐州市一处规模比较大的花鸟市场选石头，不经意间看到一个专门卖宝里石的摊位。我故意问摊主这是啥石头，摊主说是宝里石，我仔细挑选了两小块，又问摊主："宝里石也就是千层岩吧?"摊主讲："带点千层岩，反正就是宝里那边的石头。"

宝里石以山形石居多，将其表层黄泥土刷去，呈现豆青色石面，用手摸挲，温润如玉，如果继续清理，将石粉除尽，石面就变黑了。

题名：小峡谷

石种：灵璧石·杂石（千层岩、宝里石）

尺寸：13 cm × 8 cm × 12 cm

小蓬莱

蓬莱原是神话中仙山的名字。小蓬莱则指景色清丽、犹如蓬莱仙境的地方。

宋代张邦基《墨庄漫录》（卷一）载："宿州灵璧县张氏兰皋园一石甚奇，所谓'小蓬莱'也。苏子瞻爱之，题其上云：'东坡居士醉中观此，洒然而醒。'"

后来，我得到一块石头，见其意境尤佳，想来想去，便将"小蓬莱"的名字套了上去，美名共享之，权当古为今用吧！

像"小蓬莱"这样的石头，当地石友将它形象地称作黑白道，但并不认可它是千层岩。这种石头主要分布在江苏省徐州市铜山区房村镇郭集村一带。郭集原为乡政府所在地，撤乡后并入房村镇，这一带的石头统称郭集石。

先前我曾在一家奇石店中购买到一块类似的小石头，问店主这是什么石种，他说是"郭集的黑白道，这种小石头形状好的很少见。黑白道大块的多，属于园林石"。园林石，也就是用来垒假山，或放置在公园、路旁绿化带中美化环境的大石头。

2010年，江苏人民出版社出版的《石典》（系列三第三辑）载，分布于徐州市铜山区房村镇、张集镇等地的"千层石"，"黑白相间，俗称'黑白道'"。

另外，清乾隆《灵璧县志略·物产》（卷四）载："黑白石产土龙山，大小不等，黑白相间成文，不起峰，扣之无声。"其中，"文"同"纹"，此处指石纹；"扣"今作"叩"，释义敲打。

这里所记载的"黑白石"，就品类而言，应该是现在所说的黑白道。巧的是，在郭集村不远处还有一个土龙村，也是黑白道的主要产地。

题名：小蓬莱

石种：灵璧石·杂石（千层岩、黑白道）

尺寸：23 cm × 18 cm × 14 cm

阴元石

　　那天，我在江苏省徐州市一处花鸟市场上寻觅灵璧石，恰好遇见一位老石友出摊，因以前打过交道，也就熟悉了几分。这位石友向我推荐一块石头，说这种石头很少见，是灵璧石的一个品种石，执意让我买下来收藏。承其好意，且要价不高，遂收入囊中。

　　这块石头的外观非常特殊，其纹犹如斑马纹，其形又似悬崖峭壁。因此，我曾以"斑马岩"题名。后来得知，斑马岩是这类岩石的俗称。既然这样，那"斑马岩"的题名也就显得过于直白了。想来想去，最终把看点集中到石头中间的"狭缝"上，于是又得"阴元石"之名。

　　不过，这一题名并非由我原创，而是源于丹霞山阴元石景观，其址在广东省境。类似的景观，在江西省龙虎山也有一处，名之为羞女岩。

　　2003年，中国财政经济出版社出版的《中国灵璧石谱》，将灵璧石产区的斑马岩称之为"青灰环纹灵璧石"，又称"两色石纹乍看起来不规则环绕于石面，仔细观察却有始有终，泾渭分明"；"环绕之纹形如树木年轮，或如流水。其色彩一为灰、黑纹相环绕，一为青灰与灰白纹相环绕"。

　　这种千层岩，由青灰色和灰白色岩层叠加在一起，品相奇特的，犹如青花瓷一样具有淡雅清新的美感。因叠加的岩层相对较薄，在当地民间也称作"细岩"，即千层岩中的细岩。

　　后来，我去一家奇石店为这块石头配制底座时曾请教店主，他说"这是斑马岩，也就是千层岩"。

　　在灵璧石产区，这一石种主要分布在安徽省宿州市埇桥区解集乡、褚兰镇一带。斑马岩在我国其他省份也有分布，大多作为建材资源开发利用。

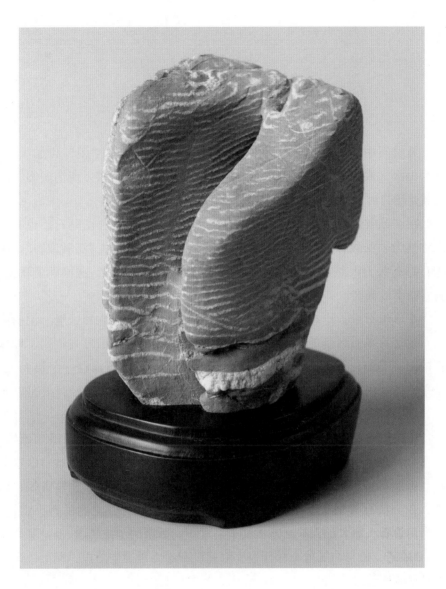

题名：阴元石

石种：灵璧石·杂石（千层岩、斑马岩）

尺寸：10 cm × 13 cm × 9 cm

杂石篇

江山胜览图

灵璧石中的图案石就是以"图"为看点的石头，其"图"犹如国画，或为山水，或为人物，或为花鸟，其题材多样，不胜枚举。所谓图案，其实就是远古时期藻类留下的踪迹。

在江苏省徐州市赏石界，一些石友常把这种石头称作图画石，也有石友称其为"汉画石"。汉画石之称源于徐州地区汉墓中的"汉画像石"。呜呼！将石头上天然形成的图案和汉墓中的画像石作比拟，这种审美联想，我实在不敢恭维。

在珍珠石中，也有以"珍珠"构图而成的石头，但它和这里所说的图案石还是有本质区别的。首先两者石质不同，再就是构图形式不同。珍珠石的图案是凸出石面的，是立体图。图案石的图案与石面在一个层面上，是平面图。另外，在赏石界还有一种分类方式，即不分石种，只要是以图纹为看点的石头，统称图纹石。

在灵璧石品类中还有一种被称为"蛐蟮石"的石头，其中以"蛐蟮"图案为看点的，亦称灵璧蛐纹石，其实就是图案石。不过，蛐蟮石以象形石、山形石居多。我认为蛐蟮石之名起得有点恶心人。蛐蟮就是蚯蚓，试想，在一块石头上布满蚯蚓，那是啥感觉？有美感吗？只能说石头没错，而当初为石头命名的人缺乏基本的审美常识。所谓的"蛐蟮"，也是藻类遗迹，"蛐蟮"通常与其他石种伴生，因此没有必要再另立门户，弄出一个俗不可耐的概念来。

这块石头上的图案犹如一幅山水画。那山，层峦叠嶂；那水，溪流潺潺。大自然的杰作，给我留下了无尽的想象空间，因此题名"江山胜览图"。

另外，现代画家吴镜汀曾画《江山胜览图》，清代画家石涛也画过这种题材的作品。

题名：江山胜览图

石种：灵璧石·杂石（图案石）

尺寸：17 cm × 20 cm × 6 cm

145

山林归隐图

用于观赏的天然原石是否属于艺术品呢?

这个问题在赏石界还是有争议的。我认为一块石头经过清理、审视、定位、题名、设计底座等工序后,能摆上案头,给人以美的感受,那么,这块石头也就具有艺术性了。从一块石头上发现美,赋予其文化内涵,虽然不同于绘画,但在整个过程中,也充满着认知及艺术创作的因子。

这块题名"山林归隐图"的石头,源于江苏省徐州市一处花鸟市场的地摊上。摊主是位老年人,我从他的要价上,可以肯定地说,他根本没有看出这块石头的奥妙来。当时我正在寻找图案石,这块石头恰好符合我的心意,二话没说,就买了下来。又经过设计底座、题名及确定看点等"创作"过程,这块在地摊上并不起眼的石头也就升华成艺术品了。

"山林归隐图"中的"三棵老树",犹如国画中常常看到的参天古树,远处颜色稍重的一片,犹如水墨渲染的丛林。隐士是画中的看点,但着墨不多,仔细看看,隐士就端坐在中间那棵古树的下面,读书思考、吟诗作赋是他的日课,或许为温饱计,还要适时耕作,自食其力。赏石至此,我又想起东晋陶渊明诗句:"开荒南野际,守拙归田园。"

在古代山水绘画中,常将大山深处的人物画得非常渺小,呈忽隐忽现之势,人物和山水相比,用墨只有寥寥几笔,但画得却非常传神。这是画家敬畏自然的一种表现形式。归隐山林,可以说不少人都有这样的梦想,如果不能实现,那就暂时大隐于闹市吧!

题名: 山林归隐图

石种: 灵璧石·杂石 (图案石)

尺寸: 9 cm × 15 cm × 8 cm

达摩面壁图

　　这块石头，原主人说上面的图案像一幅山水画，我得到后，经过仔细品赏，感觉右下方的"图案"犹如人物，远处高山流水，当然也少不了祥云，这使我想起了历史典故达摩面壁，遂题名"达摩面壁图"。

　　"达摩"亦译作"达磨"，原天竺国高僧，后入中国。宋代释道原《景德传灯录》载，达摩"寓止于嵩山少林寺，面壁而坐，终日默然，人莫之测，谓之壁观婆罗门……迄九年已"。达摩在此面壁九年，终修正果，为中国禅宗初祖。后来常用"达摩面壁"比喻默坐静修或勤苦攻读。

　　像"达摩面壁图"这样的图案石，自从在安徽省宿州市埇桥区解集乡、褚兰镇一带发现后，便成了灵璧石中的一个新石种。

　　图案石的清理非常简单，先用清水浸泡，然后用毛刷刷刷即可，切忌使用钢丝刷，防止图案受损。还有一点，切忌使用盐酸处理，不然浅灰色的石面会变成黑色，没了对比度，那图案也就无影无踪了。

　　听一位石友讲，这类图案石，以前在市场上有很多，不知道怎么回事，现在看不到了。事实的确如此，而形好图好的石头更是难得一见了。

　　另外，在其他地方的赏石界，通常把石面图案犹如图画的石头称之为"画面石"。可以看出，各地在石种的命名及分类上还是比较随意的。这也没有办法，因为一个新的石种被普遍认可之前，往往在民间早就有了几个名字，有的以石质命名，有的以地域命名，还有以描写性词汇命名的。同样，在分类上也是五花八门，几乎每个地方，都有自成一体或自成多体的分类方式。赏石主要源自民间，其源头出自多家，你这样分，我那样分，也就在所难免了。

题名：达摩面壁图

石种：灵璧石·杂石（图案石）

尺寸：12 cm × 21 cm × 5 cm

黛山秋韵

　　这块石头属于灵璧石中的吕梁石，石面主体呈现青黑色，其形像山，山腰泛黄，故题名"黛山秋韵"。

　　吕梁石的采掘历史比较短，大概始于2000年。因产于江苏省徐州市原铜山县吕梁乡境内，故名吕梁石。在撤乡并镇中，将吕梁乡并入伊庄镇。2010年铜山县改为铜山区。

　　后来，又在邻近的安徽省宿州市褚兰镇、栏杆镇等地发现了类似于吕梁石的石头，因有吕梁石之名在先，按照"先入为主"的惯例，后来的这些吕梁石模样的石头就有了一个怪名字：假吕梁、假吕梁石，亦有石友称之为似吕梁石、类吕梁石、灵璧类吕梁石。

　　其实，吕梁石、假吕梁石均挖掘于灵璧石产区，从外观上没有大的区别，因此在市面上，这样的石头统称吕梁石。在当地赏石界，如果需要细分时，才有吕梁石、假吕梁石之说。一般认为假吕梁石有石纹、硬度高。

　　吕梁石主要由石灰岩、泥灰岩组成，石质相对其他灵璧石来说要软得多。尤其是黄褐色的泥灰岩，恰似覆盖在上面的一层黄泥土，用水浸泡，再用钢丝刷清理，很快就能清除掉。为保持造型及色调，在清理的过程中，一定要适可而止，千万不能将"黄色"清除干净，否则只留下青黑色的岩石，这种石头就失去它固有的特征了。

　　后来，又在该地区陆续采掘出一些彩石来，于是又有了吕梁彩石的概念。而产于铜山区伊庄镇牌坊村一带的彩石，又有伊庄石、牌坊石之称。这些概念的形成，大多由当地石友约定俗成，虽然不规范，但也有可取之处——为访石者提供了地名资源。

题名: 黛山秋韵

石种: 灵璧石·杂石 (吕梁石)

尺寸: 21 cm × 9 cm × 12 cm

硕　果

这块石头题名"硕果"，源于一位石友的家中。

1990年代中期，江苏省徐州市奇石市场持续升温。那时，这位石友就开始淘石头了。他说："这块石头就是早年淘到手的，形状像个瓜，还带瓜把儿，你说奇不奇？"我让石友出价，石友报价不低，因在其家中，不便讨价还价，遂照单付款，收入囊中。

这块石头是不是灵璧石，当时我的心里是没有把握的，因为这种颜色的灵璧石，在当地很少见到，它不像磬石、白凌石那样，特征明显，一看就能确定下来。为了进一步核实这块石头的身份，我先后请教了好几位石友，最终证实这块石头就是灵璧石。

这天我拿着它到一家奇石店配置底座，咨询店主这是什么石头，店主看了看说："这是吕梁彩石，产自吕梁那边。"一晃，20天过去了，我去拿底座，这位店主又说"是灵璧石"。后来我去另外一家奇石店，请店主鉴别这块石头是否为灵璧石。店主说："看石头的颜色，应该是吕梁彩石。"接下来，他又发现上面的石纹很别致，于是犹豫起来，他说吕梁彩石没有这样的石纹。再后来，我又去徐州市一处花鸟市场，请另一位石友确认它的身份，这位石友一口咬定是灵璧石。我问："根据是啥？"他说："这石头的石纹就像刀砍的一样，吕梁彩石没有刀砍纹。"刀砍纹亦即斧劈纹。说话间，一位老年石友来到这，我让他看看这块石头，他肯定地说："这是灵璧石，没错。"这样一圈下来，它的身份总算确定了。

后来我听一些石友说，吕梁石及吕梁彩石都属于灵璧石，也就是说，广义的灵璧石包括吕梁一带出产的各种石头，只是当初我还没有弄清罢了。

题名：硕果

石种：灵璧石·杂石（彩石、红灵璧石）

尺寸：16 cm × 13 cm × 8 cm

报喜鸟

这是一块红灵璧石，属于喜庆色彩，石形像鸟，故题名"报喜鸟"。

在鸟禽世界里并没有报喜鸟这个物种，它是人们虚幻地寄予美好愿望的一种鸟。

2012年，上海书画出版社出版的《安持人物琐忆·记大风堂事》载："余不懂八大山人画好在哪里，大千又出示一幅八大所作鸳鸯，告余曰：此画一只鸳鸯，只十八笔，凡鸳鸯一身羽片特点，一一悉表现无余云云。余只能唯唯而已。又，他所画各式飞禽，颜色五花八门，可谓佳极矣，一日余询之曰：'这鸟何名？'大千笑云：'吾在四川青城山久，所见各色飞禽，多至数百种，都不能举其名，所以吾画的鸟，只白色鸦确有之物，其他悉以意为之，想世界上当有这样的吧。'"

国画有工笔和写意之分，工笔崇尚逼真，越像越好，写意讲究神韵，不求物象，但求意会。在这里现代画家张大千指的就是写意画，鸟为何鸟？画家想象的鸟。写意鸟多不是据实写来，而是画家将现实中的鸟类，通过艺术加工而形成的一种绘画符号。这样的画中之鸟，往往能给人带来想象的空间，你看着是啥鸟，它就是啥鸟。

这块石头源于江苏省徐州市一家奇石店。当初我还疑惑，这是灵璧石吗？店主说"是灵璧石，是灵璧石中的彩石"。后来，我拿着这块石头让另外一家奇石店的店主看，他说是彩石。我反问道："这不是红灵璧石吗？"他回答："红灵璧石也是彩石的一种。"其后，我带着这块石头又先后问过两家奇石店店主，均说是"杂石"。通常，石友把吃不准的石头或从来没有见过的石头称之为杂石。时隔一年有余，我又将这块石头拿给一位石友辨别，他明确告诉我，这种石头产自白楼村，只在一个坑里挖出过这种石头，非常稀少。至此，我心里才踏实下来。他说的白楼村，也就是江苏省徐州市铜山区伊庄镇白楼村。

这种比较纯正的红灵璧石，在市面上是很少见到的，因此也就越显珍贵。

题名：报喜鸟

石种：灵璧石·杂石（彩石、红灵璧石）

尺寸：19 cm × 9 cm × 5 cm

层林尽染

红灵璧石大概有两种类型，一种是石质好，硬度高，石面稍粗；另一种是石质差，石面风化严重，仅石形有可赏之处。

这块石头就属于"另一种"红灵璧石。

先前曾得到一块类似的石头，因风化较严重，某些部位，我用手使劲一掰，竟然掉下一块来。

后来又买进一块带底座的红灵璧石，想清洗一下，遂用水浸泡，竟弄的满盆水都成了红色。这是怎么回事呢？一位石友告诉我，这样的石头很可能上过红鞋油。

这两次失手，权当交了学费，从此也长了见识。

这块红灵璧石是在江苏省徐州市一处古玩市场买来的，当时已经配好底座，我问这块石头是否属于吕梁彩石。摊主说："这块石头有石纹，是独堆村南面山里的石头。"独堆村隶属于安徽省灵璧县朝阳镇。接着他又指着摊位上的一块吕梁石说："吕梁的石头没有纹。"

我想砍价，便故意说这块石头没有看头。摊主说："当飞来石看，当个印看也行。"一些稍微方正的石头，通常题名"宝印"或"玉玺"。"印""玺"象征权力，有人喜欢这个。

后来，我为这块石头题名"层林尽染"。因为我以前看过徐州籍画家李可染的《万山红遍》，这幅画款识"万山红遍，层林尽染。一九六二年秋，可染作于从化翠溪宾舍"。

这块石头色泽纯正，石形像山，其中的石纹，又增加了石面的层次感。另外它的质地虽有风化的痕迹，但也不至于用手一掰就掉下一块来。

题名：层林尽染

石种：灵璧石·杂石（彩石、红灵璧石）

尺寸：10 cm × 14 cm × 8 cm

彩云石

这块石头题名"彩云石"。如此放置石头，当地石友谓之"倒挂"，具有凌空、险绝之美感。

"彩云石"是从江苏省徐州市一家奇石店购买的，当初没有名字，店主说是"倒挂，玉化的"，还给我报了一个合适的价格。我见石质不错，石形尚好，唯有底座配的不理想，便犹豫起来。过了几天，我又打电话问店主，能不能再将底座加上"虎腿"。店主说可以，不过要加钱，"一个虎腿15元，四个虎腿要60元，给你优惠，算40元"。常言道"一分钱一分货"，没有这个价钱是做不来的。

在当地赏石界，一些奇石店的店主，往往也兼营配制底座。

最初"彩云石"卧在一个没有"虎腿"的底座上，整体看上去缺乏气势。在我的要求下，添加上四个"虎腿"，才成现在这个样子。虽然石头还是那块石头，但视觉效果明显不一样了。

一是增加了石头"凌空"的高度；二是使"倒挂"的稳定性提高了不少，至少从感觉上是这样的。因为"虎腿"犹如古代铜鼎之足，在承重的同时，又保持了鼎身的稳重性，它是铜鼎的重要组成部分。

好马配好鞍，好石配好座。恰到好处的底座，能为石头增辉添色。

另外，"彩云石"因石质硬度高，石面温润如玉，所以，当地石友对这样的石头常用"玉化"来形容。

既然向"玉"靠近，那么它的价格也就高了一截。

题名: 彩云石

石种: 灵璧石·杂石（彩石）

尺寸: 13 cm × 19 cm × 9 cm

古　梅

这块石头题名"古梅"。

2012年6月22日，我去安徽省宿州市埇桥区解集乡访石，在韩山口村一农户家中看到这块石头，其上附着厚厚的泥土及石粉，隐约能看到几个"彩色的珍珠"。珍珠石我见的不少，但都是黑色的，这样的彩珍珠石，我还是第一次看见，遂将其买下带回家中。

这块石头的清理很费工夫，我刷洗了半天，才看到石面本色——青色的石面上，分布着浅黄色的"珍珠"，珠子不多，但稀疏有序，有些珠子连成一串，或与石纹靠在一起，宛如一株古梅。

明代文震亨《长物志》（卷二）载："幽人花伴，梅实专房，取苔护藓封。枝稍古者，移植石岩或庭际，最古。另种数亩，花时坐卧其中，令神骨俱清。绿萼更胜，红梅差俗，更有虬枝屈曲，置盆盎中者，极奇。"

梅也是一些画家常画的题材，有的将"梅""石"组合在一起，谓之"梅石寿"。咏梅，也是历代不少文人借以抒发情感、表达志向的话题。宋代陆游《卜算子·咏梅》句云："无意苦争春，一任群芳妒。零落成泥碾作尘，只有香如故。"

后来，我和一位石友交流看法，这位石友说："彩珍珠石并不少见，你这块是黄珍珠石，还有红珍珠石。'彩珍珠'比'黑珍珠'硬度小，用钢丝刷反复刷刷就能把彩珠子刷掉。"这是"实战"经验，幸好我刷洗"古梅"时出手不重，否则，珠子不存，这块石头也就没有什么观赏价值了。

再后来，我在江苏省徐州市一处花鸟市场的地摊上又买到一块红珍珠石，因石面色泽污浊，我便用盐酸浸泡了一会儿，等取出来一看，红珠子的颜色没有了，我又用钢丝刷刷了几下，那珠子竟然荡然无存了。

题名：古梅

石种：灵璧石·杂石（黄珍珠石）

尺寸：16 cm × 23 cm × 5 cm

杂石篇

柱　石

这种形状的石头通常当作柱子看，题名也多与柱子有关，譬如"擎天柱""一柱擎天""南天一柱"等等。不过，在那些喜欢瞅石头像人、像鸟、像龟的石友眼中，这样的石头并没有多少吸引力。我这块石头就是在这样一位石友的地摊上得到的，他报价20元，我二话没说，一手付钱，一手交货。当初，这块石头他也是当人看的，他说"这样摆放像个人头像"，又说当人物看有些勉强。既然这样，那么在他眼中这块石头也就不值钱了。这块石头能惠及于我，也算捡漏了吧！

这块石头，当初我是作为"擎天柱"看的。

后来，我在家中用钢丝刷清理这块石头时，发现石面上分布着一些红珍珠。如此说来，这块石头的身价也就不一般了。

接下来我要为这块石头写篇文章，在翻阅相关资料时，偶然看到清代画家郑板桥为《柱石图》题写的一首诗："谁与荒斋伴寂寥，一枝柱石上云霄。挺然直是陶元亮，五斗何能折我腰。"由此，我得到启发，认为"柱石"比"擎天柱"一类的题名要好听的多。"柱石"具有普遍性，给人的感觉是低调且意境不凡，遂将这块石头重新题名"柱石"。

我这块"柱石"像人似柱又"挺然"，难道它就是"陶元亮"的化身吗？

陶渊明（365—427），一名潜，字元亮。东晋诗人。《晋书·陶潜传》载，陶渊明曾言："吾不能为五斗米折腰，拳拳事乡里小人邪！"现代汉语成语"不为五斗米折腰"即出于此，形容为人清高，有骨气，不为利禄所动。其中，"五斗米"指微薄的俸禄。"折腰"亦即弯腰。

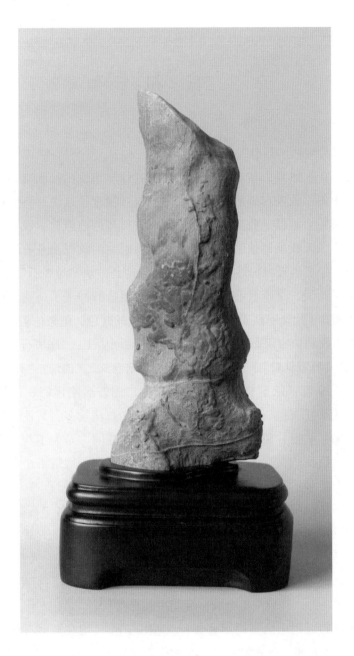

题名：柱石

石种：灵璧石·杂石（红珍珠石）

尺寸：9 cm × 23 cm × 5 cm

163

石　祖

这块石头题名"石祖"。

2012年9月15日，我骑自行车到江苏省徐州市铜山区张集镇翟山村访石，时至中午，我在村外的一处石坑中，偶然发现了这块并不显眼的小石头，形似男性生殖器，我随手捡起，放在自行车的前篮里，没白来，算作纪念吧！第二天我就开始清理，用钢丝刷将附着的黄泥土及石粉一遍一遍地往下刷，弄了半天，仍然不见石面，心想这是一块"垃圾石"，便放在了一边。过了几天，又不甘心，遂将这块石头用盐酸冲洗了一遍，此时它的本来面目才露了出来：浅黄色的石面，恰如人的肤色，龟头龟沟一应俱全。

后来，我到一家奇石店配制底座，曾故意问店主："这块石头你说当啥看？"他说"当阳具看"。我说"当阳具看没啥含义"。他说："有人信这个，上次一个人拿着一块这样的石头来配底座，配好后刚出门，就被别人用5000元买走了。"他又说："这样的石头，吕梁石比较多，其他石种少见。"我知道，阳具坚挺，象征阳刚之美，在此明知故问，是为了获取更多的写作素材。然后我们又交流了底座的造型，达成共识，约定半个月后来拿石头和底座。

先前，我在铜山区汉王镇拔剑泉旁看到一块石头，名"石祖"，乃人工雕琢。"石祖"即形似男性生殖器的石头。石祖是干啥用的？说法不一，有的说石祖是原始图腾崇拜物，为祈求风调雨顺、五谷丰登、人畜两旺而立。还有的说，凡是结婚多年不生育的夫妇，只要二人同时到石祖前看一看、摸一摸、拜一拜，往后一年半载，准能生儿育女。

翟山村邻近铜山区房村镇郭集村，翟山、郭集均在灵璧石产区范围之内，这一带的石头，通常被当地石友称作郭集石。

题名: 石祖

石种: 灵璧石·杂石（黄灵璧石）

尺寸: 9 cm × 19 cm × 9 cm

石花怒放

那天，我在江苏省徐州市一家奇石店中选石，在货架上看到这块已经配好底座的石头时，曾经问店主："这是方解石吧？"店主说是方解石，也叫冰糖石，属于灵璧石中的一个品种石。

在灵璧石产区发现的可供观赏的方解石，通常称作灵璧方解石，一作方解灵璧石，俗称马牙石。而冰糖石，则是一些石友对方解石的又一种俗称。确实，那一簇簇的晶体，犹如冰糖一样，由比喻而得出的冰糖石名似乎更富有生活情结。冰糖，在生活困难时期属于稀缺副食品，譬如冰糖葫芦的卖点，突出的就是"冰糖"二字。我小时候没有冰糖可吃，通常将糖精当作冰糖，若直接舔食会有苦涩的感觉，因此常把糖精放在热水中溶化，待凉后饮用，谓之冰糖水。

这块石头廉价得之，大概是店主并没有想出合适的题名，以为就是一块能看的冰糖石而已。我买到后，仍然把看点集中在方解石晶体上，不过要另辟蹊径，想来想去，为之题名"石花怒放"。亦即将那一簇簇的晶体比作盛开的鲜花，因其白中泛黄，故又有淡雅清新之意念。

2012年9月15日，我骑自行车外出访石，行至安徽省宿州市埇桥区褚兰镇岗孜村，见路旁一家门外摆着许多千层岩，遂问主人卖石头吗？主人要价不高，于是选了一块千层岩。又问屋内是否还有好石头，主人讲"有"。我随主人进入屋内，看见架子上摆着不少小石头，其中有一块方解石，但主人不知道这是啥石种，只是说这块石头有十几年了，原先很大，脏了就敲下一层，越敲越小。而在这家帮忙修车的人看后插话说"这是白灵璧"，看来他是把马牙石当成白灵璧石了。

题名：石花怒放

石种：灵璧石·杂石（方解石）

尺寸：14 cm × 15 cm × 9 cm

双峰夕照

这块彩石由两个"山峰"构成，其色彩宛如夕阳余晖照耀所致，故题名"双峰夕照"。

说到赏石，我想起了清光绪进士沈钧儒。沈钧儒一生爱石藏石，近现代学者侯外庐曾为其题写"与石居"匾额，郭沫若还在这一匾额的空白处题写了几句词："磐磐大石固可赞，一拳之小亦可观，与石居者与善游，其性既刚且能柔，柔能为民役，刚能反寇仇，先生之风，超绝时空，何用补之，以召童蒙。"

我想，在寒舍观"双峰夕照"，与石而居，不也是能善游其中吗！

当地石友对彩石的清理，除了使用钢丝刷外，通常还要使用盐酸对石头进行冲洗或浸泡，接着再用清水冲洗一下，一块石头的真实面目才能显露出来。

其后，还要借助太阳光曝晒，趁热为石头上蜡，直到用干布擦拭干净为止。如果天气寒冷，或太阳光不是很强烈时，可以用电吹风或热风枪、喷火器为石头加热，上蜡后同样需要用干布擦拭几遍。当地石友把"酸咬、水冲、上蜡"这个过程，称之为"提色"。

石头用水冲洗后呈现的颜色，基本上就是这块石头的本色，倘若不用蜡"封存"，时间稍长，石色就会变得暗淡。因此及时上蜡，可保持色彩艳丽且持续时间更长一些。

不过，给彩石提色，也有走歪门邪道的，譬如用鞋油或其他颜料人为着色，看着好看，实乃造假所致，这种做法有违赏石之初衷。

题名：双峰夕照

石种：灵璧石·杂石（彩石）

尺寸：15 cm×11 cm×7 cm

鸟语花香

那天，我在江苏省徐州市一处古玩市场看石头，在一个出售灵璧石的地摊上，主人向我展示他的石头，说这个像鸟，那个也当鸟看，总之，十有八九都是鸟的形状。我说："您的石头都像鸟。"他说："我就是喜欢鸟，我家里有100多只鸟。"为了看鸟，我向他要了一张名片，约定第二天上午到他家中看鸟。

第二天到了他家，我才知道，他所说的鸟，其实都是像鸟的石头。在灵璧石中，像鸟的石头还真不少。

这两块石头，一块就像小鸟，另一块像花木，我将它们组合在一起，题名"鸟语花香"。细细品赏，又得句云："鸟语花香青莲朵，人言石奇金不换。"

"小鸟"和"花木"均源于徐州市铜山区伊庄镇境内，从广义上说，这个地方也属于灵璧石产区，以彩石最有名。我曾去这一带访石，先得到这块像鸟的石头，后来又选了几块"毛石"带回家中，经初步清理，最后只看中这块形似"花木"的石头，其他几块毛石，只好扔掉了事。

毛石，也就是挖掘出来没有经过清理的石头。

选毛石就是这样，虽然价格便宜，但成功率不高。当然成功率的高低，还与选毛石的经验有很大关系。我曾问过一位经营奇石店的石友，他说他买毛石，十块中能有八块管看就不错了。而我买毛石，历经数次都不走运，十块中至少有一半是不中看的。这样算下来，还不如直接买人家清理好的石头划算，虽然价格贵一些，但成功率极高。接下来，还要确定石头如何放置才有看头，再就是配制底座，为石头题名。经过这样的几个程序，才算大功告成。

由此可见，一块看上眼的能摆在案头的石头确实来之不易。

题名：鸟语花香

石种：灵璧石·杂石（彩石）

尺寸：5 cm × 8 cm × 4 cm ／ 13 cm × 9 cm × 4 cm

九天飞瀑

唐代李白《望庐山瀑布》云："日照香炉生紫烟，遥看瀑布挂前川。飞流直下三千尺，疑是银河落九天。"

我取《望庐山瀑布》诗意，为这块石头题名"九天飞瀑"。

为石头题名，属于赏石的高级阶段。题名要充分考虑石头的天然形状，追求高雅，力避低俗。当然，最佳题名应该在提升石头的文化内涵上下功夫，让他人在赏石的过程中，能通过题名所传达的文化讯息，进入更高的审美层次，或悟道，或寄情，此为上策。

那天，我在江苏省徐州市一处古玩市场的地摊上看到这块石头，稍加思量，便买了下来。当即又嘱托摊主给配个底座，另外付款，并约定下周交货。摊主告诉我："单刷毛石，就用了多半天的时间。"这话我信。

一块可供观赏的石头，首先要由农民从地里把石头挖出来，有的保持原状，有的经过初步清理，再通过地摊、奇石店等途径流向终端客户。

毛石价格便宜，给中间商留有一定的利润空间，但存在风险，因为毛石往往被渍土、石粉覆盖着，将其清理干净后，才能看清它的本来面目，有的品相俱佳，有的则让人后悔不已。不过，一些毛石的清理，确实很费时间。

"九天飞瀑"这块石头，正面由紫红、黑、白三种颜色组成，石面布满"珍珠"，更为奇巧的是，在它的右半边镶嵌着一条白色"石筋"，似高山流瀑，颇为壮观。因此，这块石头也可以题名"高山流水"。如果把"流水"想象为泉水，又可题名"幽谷飞泉"或"幽谷泉鸣"。

题名：九天飞瀑

石种：灵璧石·杂石（彩石）

尺寸：12 cm × 14 cm × 5 cm

麦积山

一位石友曾言，灵璧石是天工造物，往往显露出的是一些不确定的自然的朦胧信息，而观赏者的知识阅历和灵感喜好也存在着一定的差异性，当石与人两种不确定的因素交织在一起并相互作用时，面对同一块石头，不同的人，往往会出现不同的感知，会产生不同的主观想象。

这块石头题名"麦积山"，源于我曾两次登临过麦积山。麦积山位于甘肃省天水市，以石窟造像而著称，因为山体像麦垛，故名。当初我得到这块石头时，首先想到的就是麦积山。后来，我又让不同的人品赏这块石头，问他们当啥看好。

甲爱石藏石，他说："见仁见智，所见不同，正是赏石魅力所在。当山丘看应该是常态，赋予文化内涵最妙。不妨题名'自嘲'。"又说："把玩欣赏加琢磨石名很有意思。自古文人多赏石，大多是石痴，拜石崇石咏石，也上至天皇老子。"

乙是热电厂职员，他说："感觉像三个帽子叠在一起。"

丙开奇石店，他说："这是灵璧石，只能当山峰看，是个'小山子'。"

丁也开奇石店，曾研习书法，他说："你这块和我店里的这块一样，是灵璧石，这上面带红头，起名'鸿运当头'。"又说："这上面有石筋，我这块也有石筋，石筋像高山流水，当山峰看，起名'高山流水'也行。"

戊开理发店，喜欢养花弄盆景，他说："只能当'假山石'看，这是灵璧石的一种，这块石头有三种颜色……"

另有俩人，一是在职公务员，一是退休干部，看后竟然说不出一个字来，说明他俩对这块石头毫无兴趣可言。

题名: 麦积山

石种: 灵璧石·杂石 (彩石)

尺寸: 9 cm × 10 cm × 6 cm

落 叶

　　这块石头因形似植物叶子，故题名"落叶"。

　　类似于这种形状的石头，我在其他奇石店中也见到过几块，店主好似开过会一样，统一题名"千秋大业"。这样的题名，虽然寓意吉祥，气势大，但千篇一律，形成定式，也就难免俗气乏味了。

　　"落叶"有"一叶知秋"之意。"一叶知秋"是汉语成语，比喻从一片树叶的凋落中，可以知道秋天的到来。《淮南子·说山训》云："以小明大，见一叶落而知岁之将暮。"

　　这块石头由草绿、墨绿、黄褐、紫红诸色构成，因石的花纹恰似竹叶，当地石友便形象地称它为"竹叶石"。在灵璧石产区外，也能偶然见到竹叶石。2012年8月5日，我随"野山部落"攀登江苏省徐州市南郊的一座山时，在山顶就曾发现过一块竹叶石。下山时，在半山腰又有"驴友"发现一块稍大一点的竹叶石，但他不知道这是啥石头。我告诉他"这是竹叶石"。接着一位驴友应声附和，向其他驴友大声喊道："这里有一块奇石，行家说了，叫竹叶石。"众人纷纷观之。这种石头并非满山都是，偶然遇见，这才引起人们的好奇心来。我想奇石之奇，也许由此而来。当月12日，我骑自行车去徐州市铜山区汉王镇一游，在拔剑泉边又见竹叶石。这是一通古碑，因打磨得平滑干净，正背两面均有成片的"竹叶"显现在上面。

　　2009年，江苏人民出版社出版的《石典》（系列三第一辑）中有一张"竹叶石"图片，题名《竹报平安节节高》，至于这块竹叶石源于灵璧石产区，还是其他地区，尚不得而知。

题名: 落叶

石种: 灵璧石·杂石 (竹叶石)

尺寸: 15 cm × 4 cm × 6 cm

坐　禅

这块石头题名"坐禅"。

坐禅为佛教用语，是僧人修行的一种方式。佛教典籍《摩诃止观》（卷二）载，坐禅者在一静室或一块远离喧闹的空地，放上一个绳床，独自一人，跏趺而坐，头正背直，"不动不摇，不委不倚"，更不能卧床睡眠，九十日为一期。

那天，我去江苏省徐州市一家奇石店访石，看见这块石头配有莲花底座，并被置放在一个玻璃罩内，由此判断，这是店中非常珍贵的一块石头，不然，主人是不会这样保护它的。我问店主："这块石头当啥看？"店主回答："这是禅石，当佛看的。"我又问是哪个"禅"字？他用手比划出"禅"字，并接着说："只要是人物造型，能与和尚、佛沾边的都是禅石，这块石头可当人物看，也可以当和尚看，我是当佛看的。"我问店主："有人把圆形的石头也称为禅石，哪是怎么回事"？店主说："那样的石头不叫禅石，叫蟾石，'金蟾'的'蟾'。因为像金蟾，所以叫蟾石。"显然，他对禅石的认定，是以"形似人物"为前提的。我曾与很多石友交流，他们大都持这一观点。

有一次，我去安徽省灵璧县渔沟镇一家奇石店购石，提及禅石，店主说："那是学术上的事，说不清楚。"

这块石头产于灵璧县朝阳镇一带，青褐色的石皮，恰似上过釉的瓷器，富贵而高雅。石头周遭布满"银丝""金丝"，其中一根金丝，正好将僧人的头部轮廓勾画出来，定睛一看，这圈金丝又似和尚佩戴的佛珠，而另一面的石根，犹如僧人佩戴的袈裟一样，形象逼真。经过这样诠解，才把它的整体形凸显出来。

阿弥陀佛。

题名：坐禅

石种：灵璧石·杂石（彩石）

尺寸：17 cm × 21 cm × 13 cm

禅　石

这是一块皖螺石，题名"禅石"。

皖螺石的地质学名是叠层石。1998年，海洋出版社出版的《神奇的化石世界》载："科学家们指出，叠层石是在一定的环境下由于生物的活动造成的，这些生物主要是具有粘液质的藻类，早期为蓝绿藻，晚期为红藻。各种藻类和细菌在生命活动中能够吸附和捕获沉积颗粒。在白天，这种过程十分活跃，夜间则显著缓慢，年复一年，由此形成一层叠一层或一层套一层的沉积构造，叠层石就这样形成了。"

对禅石的定义，目前并没有形成共识。先前，我在江苏省徐州市一家奇石店，曾看到几块石头，似圆非圆，石面润泽，店主说这是灵璧石中的禅石，当时我没有在意。后来，我在安徽省宿州市埇桥区解集乡一家奇石店中又看见一块石头，色黑而圆润，店主说是"禅石"。因为有的石友好把形似"蟾"的石头称作"蟾石"，"禅""蟾"音同意异，读起来容易混淆。为弄清字义，我将"禅""蟾"二字写在纸上，请店主确认，他肯定地说是"禅"字。我故意问："不是形似和尚的石头才是禅石吗？为什么把一个圆蛋子称为禅石？"店主有十几年藏石经历，且能写会画，眼界自然不低。店主回答说："像和尚的是人物石，不是禅石，只有圆形的石头才能称为禅石。因为和尚喜欢抚摸圆形的东西，譬如佛珠，把圆形的石头称为禅石，就是这个道理。"为探明禅石之说，我又去了一趟徐州的那家奇石店，店主指着一块石头说："禅石就是石皮较好，四周圆润的这一种，看着石头不闹心，摸着石头心能静，能从中悟出禅意来，这样的石头就是禅石。"

把圆润素雅的石头称为禅石，我认为有道理。

题名: 禅石

石种: 灵璧石·杂石（皖螺石）

尺寸: 15 cm × 14 cm × 10 cm

神　兽

中国的神兽大多是由先人臆想而成，可以这样说，神兽是用以祈福纳祥、辟邪免灾的"艺术符号"，也或是用作图腾崇拜的"标志符号"。先人创造了许多许多的神兽，包括龙、凤、麒麟、貔貅等等。

这块题名"神兽"的石头，源于江苏省徐州市一家奇石店，店主说这是皖螺石，当兽看。我照他说的看了看，还真是那么回事。

窃以为赏石始于民间，雅化于文人墨客，是一种相对直观的审美活动，本身并不需要多少赏石理论作指导。即便有赏石的秘籍，也谈不上什么理论可言，无非是各种"石谱"而已，挂在口头上的也就是古人提出的"瘦、皱、漏、透"，这一"口诀"至今还在沿用。当然，也有人据此"与时俱进"，又概括出"形、质、色、纹、韵"几个字来。

按照这一标准，"神兽"真是完美无缺了。

皖螺石旧称龙鳞石，因石面如"鳞"片叠加绵延而得名。不过，皖螺石之名似乎更能体现它的地域和石纹特点："皖"是"安徽省"的简称，"螺"指螺旋状石纹。

其实，皖螺石并非安徽省独有，在江苏省徐州市贾汪区汴塘镇境内，亦拥有更加丰富的叠层石资源。

当地赏石界，通常将皖螺石分为红皖螺、黑皖螺、灰皖螺、青皖螺等。按照"螺"的大小，又有大皖螺、小皖螺之分。按照"螺"的形状，又分若干种，包括金钱皖螺、珊瑚皖螺、蜂窝皖螺、扇贝皖螺等等。

皖螺石常被作为建材资源开发利用，实际上能摆在案头且具有观赏性的皖螺石只占极少数。

题名: 神兽

石种: 灵璧石·杂石（皖螺石）

尺寸: 23 cm × 22 cm × 10 cm

附 录

一、图片

▲ 安徽省灵璧县磬云山（2012年7月3日摄）

▲ 安徽省灵璧县磬云山片状岩层（2012年7月3日摄）

▲ 安徽省灵璧县磬云山附近的《宋代石坑遗址碑》（2012年7月3日摄）

▲ 安徽省灵璧县磬云山附近村庄中的新石坑（2012年11月30日摄）

185

▲安徽省灵璧县磬云山附近新石坑中的灵璧石（2012年7月3日摄）

186

▲ 安徽省灵璧县磬云山附近挖掘灵璧石的村民（2012年11月30日摄）

▲ 安徽省灵璧县磬云山附近灵璧石储存场（2012年7月3日摄）

▲ 安徽省灵璧县渔沟镇一位妇女正在用电动工具清理灵璧石（2012年7月3日摄）

▲ 江苏省徐州市铜山区张集镇境内新石坑中的灵璧石（2012年9月15日摄）

▲ 江苏省徐州市一处花鸟市场中的灵璧石地摊（2014年2月28日摄）

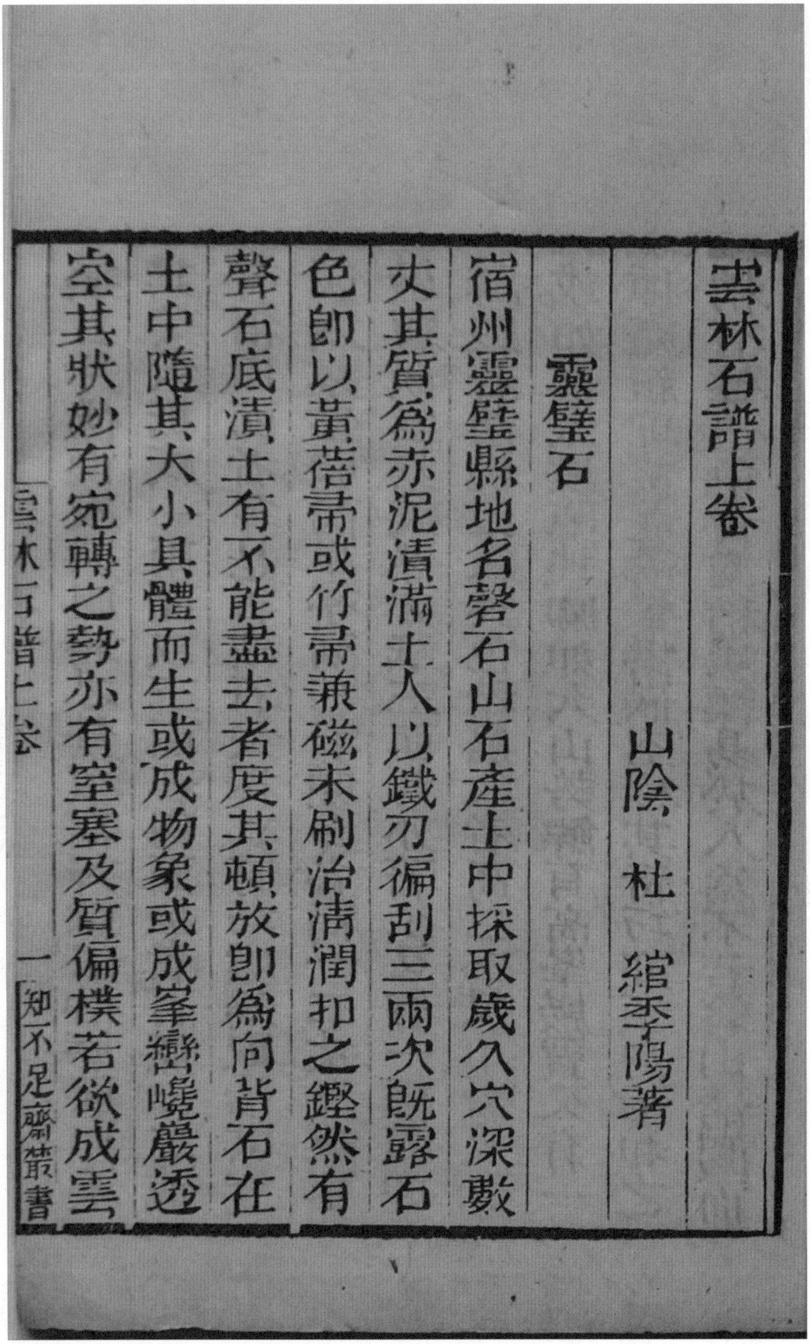

云林石譜上卷

山陰　杜綰季陽著

靈璧石

宿州靈璧縣地名磬石山石產土中採取歲久穴深數丈其質為赤泥漬滿土人以鐵刃徧刮三兩次既露石色即以黃蓓帚或竹帚兼磁末刷治清潤扣之鏗然有聲石底漬土有不能盡去者度其頓放即為向背石在土中隨其大小具體而生或成物象或成峯巒嵌嚴透空其狀妙有宛轉之勢亦有窒塞及質偏樸若欲成雲

云林石譜上卷

知不足齋叢書

一

▲清代"知不足斋丛书"《云林石谱》选页（2013年4月16日摄）

氣日月佛像及狀四時之景須藉斧鑿修治磨礱以全
其美大抵祗一兩面或三面若四面全者百無一二或
有得四面者多是石礦石尖擇其奇巧處鑴取治其底
頗歲靈璧張蘭臯亭列巧石頗多各高一二丈許峯巒
巖竇嵌空具美然亦祗三面背亦著工又有一種石理
蹙琖若胡桃殼紋其色稍黑大者高二三尺小者尺餘
或如拳大坡陁塊腳如大山勢鮮有高峯巖竇又有一
種產新坑黃泥溝峯巒嵌空極其奇巧亦須刮治扣之
稍有聲但色青澹稍燥頓易於人爲不若磬山清潤而

堅此石宜避風日若露處日久色即轉白聲亦隨減書
所謂泗濱浮磬是也

▲ 清代"知不足斋丛书"《云林石谱》选页续（2013年4月16日摄）

二、灵璧石主要产地示意图

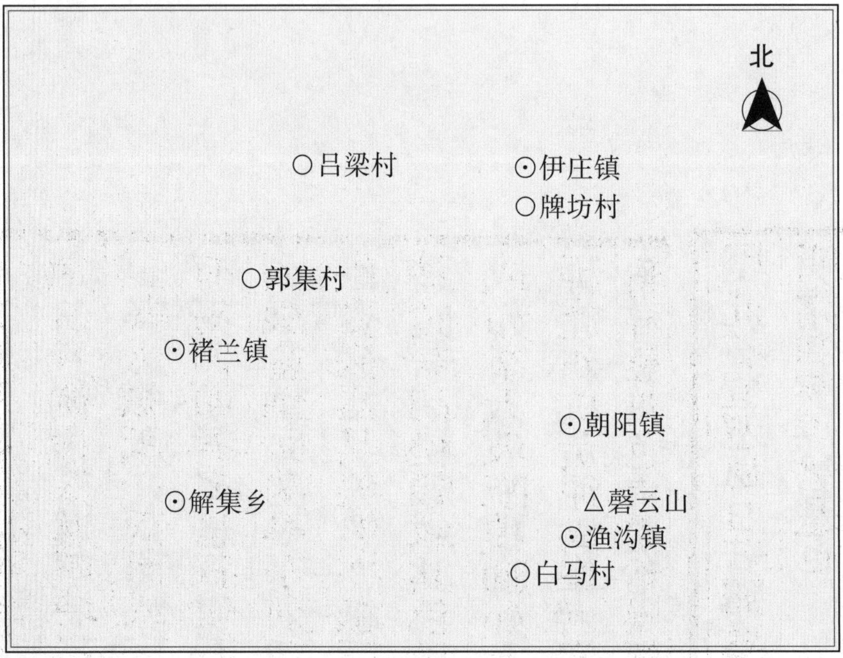

北

○吕梁村　　　⊙伊庄镇
　　　　　　　○牌坊村

　　○郭集村

⊙褚兰镇

　　　　　　　⊙朝阳镇

⊙解集乡　　　　△磐云山
　　　　　　　⊙渔沟镇
　　　　　　　○白马村

备注：

○吕梁村
（江苏省徐州市铜山区伊庄镇吕梁村）

⊙伊庄镇
（江苏省徐州市铜山区伊庄镇）

○牌坊村
（江苏省徐州市铜山区伊庄镇牌坊村）

○郭集村
（江苏省徐州市铜山区房村镇郭集村）

⊙褚兰镇
（安徽省宿州市埇桥区褚兰镇）

⊙解集乡
（安徽省宿州市埇桥区解集乡）

⊙朝阳镇
（安徽省灵璧县朝阳镇）

△磐云山
（安徽省灵璧县磐云山）

⊙渔沟镇
（安徽省灵璧县渔沟镇）

○白马村
（安徽省灵璧县渔沟镇白马村）

后 记

灵璧石的采掘和收藏，从古至今曾经出现过三次热潮。

宋代，先是由当地人采石筑园，或为清供，经米芾、苏东坡等文人雅士传颂，灵璧石声价益重。宋徽宗时修筑宫苑艮岳，从各地搜集花石，由运输花石的船队——"花石纲"运往都城东京（今河南开封）。灵璧石为其中之一，由此形成热潮。

第二次热潮在明万历时期。清代《古今图书集成》（第十六卷）收录明代王守谦撰写的《灵璧石考》云，"国朝垂二百六十余年"，灵璧石"寥寥无闻，即问之土著者，亦竟不知灵璧石为何物。迨万历己酉，南台侍御眉山鸿屼张公访此石甚殷，乃好事于磬石山涧壑中乘雨后觅之，稍稍见一二。于是习兹山者，凡牧竖樵子莫不求石，有力者遂发坑取之，而石渐出矣。岁庚申庠师吴兴长祖先生、天中浚源先生亲往采石，而郡侯竟陵凤藻先生单骑往观之。金称南宫之后，再睹此举"。

第三次热潮始于1990年代初。

1996年9月2日至12日，江苏省第二届赏石展在徐州市举行。由徐州市送展的灵璧石，在这次赏石展中形成主体并受到好评。同年《中国灵璧石谱》由徐州市石文化研究会编辑"成型"，其后经过数次修改充实，2003年由中国财政经济出版社正式出版。那时每逢周末，在徐州市快哉亭公园里，经常有周边的农民带着灵璧石在此摆摊出售，一些文人雅士、普通职工成了这里的常客，看到中意的，便毫不迟疑地购买下来。此后，在徐州市区及近郊先后设立了七八个奇石市场，为灵璧石交易提供了平台。

2004年11月，安徽省灵璧县举办"首届中国灵璧石文化节"。

2012年初，我开始撰述《赏灵璧石记》，2014年6月完成初稿。2020年下半年，我又对初稿作了一些改削，其中数篇文章还进行了重写。2021年1月又新购两石，分别题名"孔子造像""过云峰"，为此再写两篇文章。现在定稿并将其付梓，愿与同道共分享。

张玉舰

2021年3月3日